PASSAUER
ALMANACH 1
2004/2005

HERAUSGEBER:

EDITH RABENSTEIN, KARL AUGUST FRIEDRICHS, GERHARD BRAUNSPERGER

PASSAUER ALMANACH 1

2004/2005

SüdOst Verlag

ISBN 3-89682-137-7

www.suedost-verlag.de

Inhalt

Kunst, Musik, Literatur

Wirtschaft und Unternehmer

Autoren- und Herausgeberverzeichnis

Baumer, Franz, Dr.
Langjähriger Redaktionsleiter beim Bayerischen Fernsehen

Bauer, Heinrich
Dipl. –Verwaltungsbetriebswirt

Böldl, Klaus
Schriftsteller, Übersetzer
Wissenschaftlicher Assistent am Skandinavistik-Institut der Universität München

Tukan-Preis der Stadt München 1997, Brüder-Grimm-Preis der Stadt Hanau 2003, Hermann-Hesse-Preis 2003

Braunsperger, Gerhard, Dr. (Hrsg.)
Verleger

Brunner, Max, Dr.
Kulturreferent der Stadt Passau
Direktor des Oberhausmuseums Passau

Dirscherl, Klaus, Dr. Universitätsprofessor
Lehrstuhl für Tomanische Literaturen und Kulturen, Philosophische Fakultät der Universität Passau,
Prorektor der Universität Passau

Friedrichs, Karl August, Dr. (Hrsg.)
Altkanzler der Universität Passau, Geschäftsführer des Neuburger Gesprächskreises Wissenschaft und Praxis an der Universität Passau e. V.
Vorsitzender des Wirtschaftsforums der Region Passau e. V.

Hartmann, Peter Claus, Dr. Dr. Universitätsprofessor
Lehrstuhl für Allgemeine und Neuere Geschichte an der Universität Mainz
1982 – 1988 Lehrstuhl für Neuere Geschichte und Bayerische Landesgeschichte an der Universität Passau

Heller, Horst Paul
Journalist
Stellvertretender Chefredakteur und Lokalchef der Passauer Neuen Presse von 1956 bis 1989

Klaffenböck, Rudolf
Fotograf, Filmemacher, Kabarettist

Miedl, Oswald, Universitätsprofessor
Lehrstuhl für Kunsterziehung, Philosophische Fakultät der Universität Passau

Pletter, Roman
Journalist
Helmut-Stegmann-Preis für Nachwuchsjournalisten 2003

Rabenstein Edith, Dr. (Hrsg.)
Feuilleton-Redakteurin der Passauer Neuen Presse
Medienpreis für Journalisten zum Welt-Nichtrauchertag 1989

Schaffner, Richard
Stadtarchivar und Leiter der Kommunalen Medienzentrale Passau

Schmitz, Heinz-Walter
Kirchenmusikdirektor des Bistums Passau

Schraml, Wilhelm
84. Bischof von Passau

Schweitzer, Walter, Dr., Universitätsprofessor
Rektor der Universität Passau

Vorwort

Zu Passau gibt es viele Publikationen. Was fehlt, ist ein Almanach, ein aktuelles Jahrbuch, das spannend und unterhaltend Wissens-, Lesens-, und Sehenswertes zusammenträgt über die Dreiflüssestadt und ihre Lebensregion. Diese Lücke wollen wir schließen.

Bewusst beziehen wir uns auf die alte Tradition des Almanachs als Kalender, als thematisch geordneter Lesestoff, der auch unterhalten und informieren will.

Bewusst bleiben wir bei dieser Tradition nicht stehen. Der Passauer Almanach will mehr: Er will Ihnen, verehrte Leserinnen und Leser, Anstoß geben, sich mit Ihrem Lebensraum zu beschäftigen.

Ziel und Leitspruch unseres Almanachs ist: Vergangenheit lebendig machen, Gegenwart gestalten und optimistisch in die Zukunft blicken!

Unser Almanach stellt ihnen Ereignisse vor, Persönlichkeiten, Befindlichkeiten und Entwicklungen aus Vergangenheit und Gegenwart und dies mit Perspektiven für künftige Entwicklungen aus den Bereichen Kunst und Kultur, Kirche, Gesellschaft, Universität, Wirtschaft und Kulinarik in Text und Bild.

Lassen Sie sich vom Passauer Almanach, der ab 2004 jährlich im Herbst erscheinen wird, erfreuen und – überraschen!

Ihre Herausgeber

Postkarte aus der Serie von 1895 – 1910

Richard Schaffner

Von Napoleons Krügerlmarkt zum High-Tech-Fest des 21. Jahrhunderts

Der Wandel der Maidult

Gerichtsbericht anno 1800

Da fallen Beleidigungen wie „breitwamperter Partit“ (Betrüger), „Hundsfott“, „Schelm“, „Dieb“, „Schlankl“ (Schlingel), „Narr“, mit denen sich die Dultbesucher gegenseitig betiteln. Weiter heißt es, dass „drinne (im Wirtschaus) bis 2 Uhr nachts geschlemmt“, „werden übermäßige Räusche geholt“, wir von Burschen und Dirnen entgegen dem damaligen Generalverbot getanzt, ein „Dienstmensch“ tut es sogar mit eröffneter Brust, traktiert die mahnende Wirtin mit Stößen, droht dem Wirte, ihm eine zu geben, dass er sein Lebtag an ihn denke. In der Taverne ohrfeigen sich gegenseitig Handwerksburschen, schlagen sich fortwährend Salzknechte, puffen sich Auswärtige (darunter auch Passauer), werden sich Fließsteinerknechte (Schifferknechte) gegenseitig zu Boden, raufen Dienstboten im Rausche, verwunden sich Schöffknechte, erleiden Hofmärker von auswärtigen Vorreitern Schläge und Fußtritte. Der Wirt und sein „Waldknecht“ befördern volltrunkene Zecher aus der Bierbude und werden von diesen angefallen; da flitzt der Degen aus der Scheide und in den Arm des Gegners; das sausen Maßkrüge auf harte Schiffknechtköpfe hernieder, da werfen sich Sackträger mit Steinen Löcher in den Kopf und wollen sich gegenseitig partout umbringen.

Polizeibericht anno 2004

Mit einer Serie unschöner Szenen ist die Dult zu Ende gegangen: Am Schlußwochenende wurde gerauft auf Teufel komm raus. Während der gesamten Dult gab es nicht weniger als 19 von der Polizei registrierte Schlägereien, meist an den beiden Wochenenden nach Mitternacht. Dennoch ist die Polizei mit dem Dultverlauf zufrieden. Da viel mehr Besucher als früher kamen, sei der Anstieg der Negativ-Vorfälle zwangsläufig, sagte ein Sprecher der Polizeidirektion. Seinen eigenen Vater attakierte ein 19-Jähriger. Er trat dem 43-Jährigen so heftig in den Unterleib, dass der Vater ins Klinikum gebracht werden musste. Ein 19-

Dult um die Jahrhundertwende 1897/98 Bild von Franz Weismann

Jähriger und seine 18-jährige Freundin schlugen sich gegenseitig, ein anderes Paar geriet mit einem Angreifer aneinander. Ein Polizist wurde durch einen Tritt verletzt, als er in eine Prügelei unter Jugendlichen eingriff. Ein Türsteher und ein des Dult-Stadls verwiesener Gast zeigten sich gegenseitig wegen Körperverletzung an. Dazu kamen etliche Pöbeleien und Diebstähle, vor allem Handys. Sieben angetrunkenen Autofahrern wurde der Führerschein entzogen.

Der erste Bericht stammt noch vom sogenannten Krügerlmarkt, so hieß die Maidult nämlich damals, als sie noch vor der Kirche St. Jakob, heutige Bahnhofstraße, stattfand. Der zweite Bericht entspringt der High-Tech-Dult der Jetztzeit, seit

diesem Jahr im Stadtteil Kohlbruck. Dazwischen liegen fast zwei Jahrhunderte Dultgeschichte. Es sei aber bereits anfangs darauf hingewiesen, dass es eine feste Jahreszahl für die Einführung des Namens Maidult nicht gibt. Die Namensentwiklung erfolgte zu Beginn des vorigen Jahrhunderts, und zwar in folgender Reihenfolge: Krügerlmarkt – Mai-Markt – Maidult. Während in den Akten des Stadtarchivs bis in die dreißiger Jahre des 19. Jahrhunderts immer vom „Mai-Markt" die Rede ist, setzte sich in der Passauer Bevölkerung bereits Mitte der zwanziger Jahre die Bezeichnung „Maidult" durch. Dult kommt vom gotischen „dulbs" und bedeutet nicht anderes als (Kirchen-)Fest.
Am 1. Mai 1816 wurde der Markt erstmals auf dem jetzigen Kleinen Exerzierplatz abgehalten. Unter Napoleon wurde die St. Nikolaer Vorstadt mit der Kirche St. Jakob abgerissen, und durch die Säkularisation 1803, die die Auflösung des Nikolaklosters zur Folge hatte, stand nun der Kleine Exerzierplatz als Festplatz zur Verfügung. Man kann also Kaiser Napoleon als den „Stammvater" der jetzigen Maidult bezeichnen. Welcher Beliebtheit sich der Markt bereits zwei Jahre später erfreute, sieht man aus dem Einnahmeverzeichnis der Stadtgelder von 1818. 160 Fieranten boten den St. Nikolaern, Passauern, Österreichern und den Leuten aus dem Bayerischen Wald alles an, was sie zum täglichen Gebrauch benötigten.
Die erste größere Beschreibung einer Maidult erhalten wir aus den Berichten des „Kourier an der Donau" vom Jahre 1830. Es ist interessant, nach alten Zeitungsberichten kurz aufzuführen, welche Waren vor 155 Jahren aufgeboten wurden. Da gab es Modewaren aller Art, Tuche, Seide, Woll- und Baumwollstoffe unter den verschiedensten Bezeichnungen wie Burkin, Nankin, Zephir, Merino, Karnevas, Pers usw., dann Schals, Chemisetten, Krawatten, Halstücher, Schürzen, Handschuhe, Hauben und Hüte; Galanteriewaren, Uhren, Ketten, Armreife, Verloquen, beschlagene Pfeiffen, Stücke, Parapluie, Brillen und Ferngläser. Also alles Waren, die man zum Teil noch auf der Dult kaufen kann.

Doch die Passauer waren auch anspruchsvoll; obwohl die Leinweberei im Lande heimischs war, wurde viel Leinwand, Musselin, Spitzen angeboten. Die Tuche mussten aus den Niederlanden oder aus England sein, die Speisen und Parfums aus Frankreich, die Schokolade aus Mailand.

Wie sah es damals auf dem Dultplatz aus? Während sich zur Passauer Lichtmess- und Septemberdult (die jetzige Herbstdult) auch Sehenswürdigkeiten und Verkaufsstände einfanden, war doch kein besonderer Wirtschaftsbetrieb (es wurde kein Bier ausgeschenkt) damit verbunden. Die Bierzelte waren der Hauptanziehungspunkt der Maidult und dürften auch der Grund dafür sein, dass sich dieses Fest in der Bevölkerung so stark verwurzelte, dass sie sich bis heute erhalten hat.

Auf der Ostseite des Dultplatzes standen 6 Bierbuden, Leinwandzelte mit Tischen und Stühlen darin und davor. Sie waren im Besitz einzelner Wirte. Ausgeschenkt wurde das Bier der einheimischen Brauereien Hartl, Koller, Kühbacher und Schmerold. Aber es gab auch Bockbier vom

Bierhüttenstraße 1964

Postkarte aus den 50er Jahren

Münchner Hofbräuhaus, das bei den Passauern wegen seines stärkeren Gehalts besonders beliebt war.

Die Speisenauswahl war nicht groß: gebratene Schweinswürstl und gesottene Bratwürste, dazu Brezen, Semmeln und Laibln. Besonders das Weißbrot war bei dem nur an das schwarze Roggenbrot gewöhnte Landvolk beliebt. Ein Schmuck der Buden mit Fahnen oder Grün fand damals noch nicht statt. Auch Musikkapellen waren zu dieser Zeit noch nicht auf der Dult vertreten. Auch das Oans, zwoa, gsuffa! – den Schlachtruf jeder Maidult – kannte man noch nicht. Er kam erst zu Beginn des 20. Jahrhunderts auf. Streng verboten war das Rauchen außerhalb der Bierbuden und im Bereich der Dult.

Hinter den Wirtsbuden hatten die Bilderhändler Stricke zwischen den Bäumen ausgespannt und daran ihre Ware angeheftet: Die Porträts von König Ludwig I. und der Königin Therese (nach den beiden ist auch der Ludwigsplatz und die Theresienstraße benannt), auch der Griechenkönig Otto war beliebt, gesucht war auch der Papst. Dann gab es viele Schlachtenbilder noch aus den Befreiungskriegen mit grellen Uniformen und viel Pulverdampf, wodurch dem Künstler die Darstellung der Kämpfer erspart wurde. Feilgeboten wurden auch Heiligenbilder, dann Berichte über Raub- und Mordtaten, Spottgedichte und Zeitereignisse.

Vor der Kasernenfront hatten die Kunstreiter ihre Zelte neben den Wohnwagen aufgeschlagen, auch kleinere Menagerien fanden sich ein, in denen fremde Menschen gezeigt wurden, wie Neuseeländer und Eskimos. Manchmal wurde die Echtheit der ausgestellten Exoten nicht ganz ohne Grund angezweifelt. Der Hanswurst, damals noch nicht Clown geheißen, spielte bei den Vorführungen eine große Rolle.

Auf der Westseite waren lauter kleine Stände mit allem möglichen Kram. Auf dieser Seite waren auch die Metbuden (Mitterwallner, Huber, Steinberger). Hier fanden sich die Frauen und Mädchen ein, die alleine nie eine Bierbude betraten. Ein Mannsbild war bei den Metbuden nur in Begleitung seiner Braut zu finden. Der Met wurde in Zinnkannen ausgeschenkt. Dazu aß man Leckerln und Busserl (heute Herzerl).

Auf der Vorderseite war der Geschirrmarkt, den nur die einheimischen Hafner, nicht mehr die Kröninger Krügelhändler bezogen. Zu Hunderten standen am Boden die Hafen, Weitlinge, Schüsseln, Teller, Krüge und Pluzer, als Zeichen ihrer Passauer Herkunft, innen gelb, außen blau glasiert, Flaschen aus Steingut waren zum Abfüllen von Bier sehr gesucht. Hier hatten sich auch die Moritatensänger aufgepflanzt, mit dem Stock auf die meist grässlich bemalte Leinwand klopfend, erklärten sie mit einem Gesang, der freilich aus ihren stets feuchten Gurgeln durchaus nicht lieblich klang, die „erschröcklichen" Begebenheiten. Seit dem Jahre 1830 steht auch der Zirnkiltonsche Pemperlprater, der damit zu den ältesten Jahrmarktsattraktionen Deutschlands zählt, auf der Maidult.

Erste Passauer Maidult 1871

Die erste richtige „Passauer Maidult" fand 1871 statt: die selbständige Gemeinde St. Nikola wurde ein Jahr vorher der Stadt einverleibt. Die erste Unterbrechung der Maidult erfolgte mit dem Ausbruch des Ersten Weltkrieges. Während Straubing seinen Jahrmarkt auch in dieser Zeit abhielt, wurde er in Passau vom Stadtmagistrat verboten. Der damalige Wortführer der Passauer Fieranten, Jakob Lautensack, setzte sich für eine Abhaltung der Dult ein. Von seinem Neffen Heinrich Lautensack, dem Kabarettisten und Mitbegründer der Elf Scharfrichter, stammt das Gedicht „Maiandacht – Passauer Impressionen von 1913". In den zwanziger Jahren fanden auf dem heutigen Maierhofsportplatz die Maidultrennen des Traber- und Rennsportvereins statt. Diese Rennen mussten wegen der damals herrschenden Maul- und Klauenseuche des Öfteren ausfallen. Im Jahre 1930 wurde das Maidultrennen mit viel in- und ausländischer Beteiligung abgehalten. Der unsägliche Zweite Weltkrieg setzte der Passauer Maidult zum zweiten Male eine Zwangspause.

Karussell Zugspitzbahn, 1964

Eis-Vergnügen, 1975

Punker beim Autoscooter, 1997

Luftbild 1995

1946 konnte dann endlich wieder eine Maidult abgehalten werden, und sie wurde auch eine Jubiläumsmaidult. Es war die erste Dult ohne Bier. Die amerikanische Militärregierung konnte sich anfangs auch nicht entschließen, die Maidult überhaupt stattfinden zu lassen. Ihnen musste erst alles genau erklärt werden. Aus der „Passauer Neuen Presse“ vom Mai 1946 erfahren wir, dass die Maidult erst vom 25. Mai bis 10. Juni angesetzt war. Sie wurde jedoch kurzfristig auf den 21. Mai bis 2. Juni vorverlegt, was die Schausteller in arge Schwierigkeiten brachte. Doch nicht nur das Bier fehlte, sondern auch die traditionellen Schießbuden. Die „Passauer Neue Presse“ schreibt hierzu:

„Wenn auch die Schießbuden fehlen – es ist gut so, denn es wurde schon zuviel geschossen in den vergangenen Jahren. Dafür ist aber die Armbrust vom guten alten Tell vertreten, und wer doch

noch nicht genug von der Schießerei hat, der darf es damit einmal probieren …“.

Ab 1947 durften dann mit Erlaubnis der Amerikaner wieder Bierbuden aufgestellt werden, ein Zeichen, dass sich das Leben in Passau wieder normalisierte. Im Jahre 1966 kam eine überregionale Attraktion der Maidult dazu. Die Trachten- und Schützenvereine veranstalteten im großen Stile den berühmten Maidult-Festzug. Es beteiligten sich über 2000 Trachtler aus Österreich, Südtirol und Bayern. Bereits 1970 gab es die ersten Diskussionen um eine Maidultverlagerung. Am 12. November 2000 entschieden sich bei einer Gesamtwahlbeteiligung von 34,13% 7524 Passauer (65,75%) in einem Bürgerentscheid für eine Verlegung der Maidult und Herbstdult nach Kohlbruck.

Oberbürgermeister Albert Zankl und Staatsminis-

Überblick über das 40 000 Quadratmeter große Dultgelände in Kohlbruck

Neu auf dem Dult- und Messegelände: Der Bierstadl in der Dreiländerhalle

ter Erwin Huber konnten am 30. April 2004 das erste Fass Bier in der erstmals im Messepark Kohlbruck abgehaltenen Maidult anzapfen. Besonders der aufwändig gestaltete Dult-Stadl von Hacklberger und Innstadt Brauerei in der Dreiländerhalle brachte Oktoberfest-Flair nach Passau.

Auf 40 000 Quadratmetern (zum Vergleich am Kleinen Exerzierplatz standen 18 000 zur Verfügung) gab es neben den obligatorischen Verkaufständen und dem Bierzelt mit Garten der Stockbauer und Peschl Brauerei zwölf „High-Tech"-Fahrgeschäfte, darunter erstmals eine Achterbahn und die Wildwasserbahn Poseidon. Vom 55 Meter

hohe Riesenrad konnte nicht nur der Festplatz, sondern fast die ganze Stadt Passau überblickt werden. Ob Vergnügungspark oder Festzelte – alles ist neuer, größer und schöner, fanden Gäste und Veranstalter.
Die Verlagerung hat der Maidult neue Rekordzahlen beschert. Die Geschäftsführer Joseph Gevatter und Herbert Wendl von der veranstaltenden Event GmbH konnten 300 000 Besucher vermelden.

Alleine beim traditionellen Maidultumzug, der weiterhin in der Innenstadt abgehalten wird, beteiligten sich 4000 Trachtler und Schützen.

Schön bunt und technisch perfekt: Die Vergnügungen auf der Dult 2004

Nibelungenhalle

Kontrollkarte für das kurzzeitige Verlassen der Nibelungenhalle.

Die Kontrollkarte hat nur in Verbindung mit der Eintrittskarte Gültigkeit.

	1	2	3	4	5	6	

Rudolf Klaffenböck

Fotodokumentation Nibelungenhalle

Über ein Jahr lang – bis zum Abriss im Frühjahr 2004 – dokumentierte der Passauer Grafiker, Kabarettist und Fotograf Rudolf Klaffenböck das Geschehen in der Nibelungenhalle Passau.

Das Ergebnis seiner Arbeit, unterstützt von der Event GmbH Passau, präsentiert er mit einer Ausstellung (Fotografien, Rauminstallationen, Fundstücke) im Dezember 2005 im Museum Moderner Kunst Passau.

Nachfolgende Bilder

Fassade Ostseite

Hauptbühne

Politischer Aschermittwoch

Christkindlmarkt

Hallenfußballturnier

Foyer

Trachtenball

Treppenhaus

CSU
CDU Niedereschach
Passauer CS
NORDERNEY
PASSAU

uhlsport
UNSER RADIO
PREITZER
SpVgg Ruhmannsfelden
3
SpVgg Ruhmannsfelden
5
SpVgg Ruhmannsfelden
8

Herren
Damen
Daniel Küblböck
Die Show!
11.4.
12.4.
13.4.

AUSGANG

Passau im Hochwasser am 10. Juli 1954

Horst Paul Heller

Die „ertrinkende Stadt"

Das Jahrhunderthochwasser 1954

Am Mittwoch, dem 1. Juli 1954, war zum ersten Male seit 1912 in Passau wieder eine Sonnenfinsternis zu sehen. Genau um 13.58 Uhr blieb von der Sonne nur eine ganz schmale Sichel übrig, den Rest verdeckte der Mond. Überall standen die Menschen auf der Straße, um das Phänomen durch ein geschwärztes Glas zu beobachten. Erst 1999 war das in unseren Breiten wieder möglich. Im Jahr 1954 war der Krieg noch in aller Erinnerung, und Sonnenfinsternisse, so wussten die Menschen, bedeuteten nichts Gutes.

„Kein Katastrophenhochwasser!"

Und so kam es auch. Über dem Alpenraum ging ein gewaltiges Unwetter nieder. Auf der Zugspitze fielen 80 Zentimeter Neuschnee, und über Nacht stiegen im Tal die Flüsse an. Salzach und Inn überschwemmten weite Gebiete des Voralpenlandes. Trotzdem war in der „Passauer Neuen Presse" vom 3. Juli zu lesen: „Kein Katastrophenhochwasser zu befürchten." Vertrauend auf diese Aussage des Wasser- und Schifffahrtsamtes traf niemand besondere Vorkehrungen: das Leben ging weiter wie bisher. Dabei hätte allein schon die Meldung zu denken geben müssen, dass in Folge der anhaltenden Regenfälle auch Lech und Isar stark anstiegen. Innerhalb von zwei Tagen sank die Temperatur von 21 auf 13,2 Grad, und in Passau fielen an diesen beiden Tagen 51,7 Liter Wasser auf den Quadratmeter.

Hurra, wir sind Weltmeister!

Auf der Baustelle des deutsch-österreichischen Grenzkraftwerkes Jochenstein begann damals gerade die Montage der Turbinen. 80 Tage Vorsprung vor dem Plan hatte man herausgeschunden! „Der zeitweise etwas erhöhte Wasserstand hat die Bauarbeiten in keiner Weise beeinträchtigt", verkündete stolz die Bauleitung.

Doch das sollte bald anders werden. Die Katastrophe rollte bereits auf Jochenstein zu. Nur wenige achteten auf die schlimmen Vorzeichen. Und die größte Sensation der Nachkriegszeit verscheuchte die Bedenken vollends: Deutschland gewann am 4. Juli in Bern das Fußballspiel gegen Ungarn und wurde Weltmeister. Dieses Ereignis veranlasste sogar den völlig unsportlichen, nur auf Politik und

Ortsspitze unter Wasser

HOTEL
Weißer Hase
Gaststätten

Wirtschaft fixierten Herausgeber und Chefredakteur der „Passauer Neuen Presse“, Dr. Hans Kapfinger, zu einem Kurzkommentar auf der 1. Seite mit dem Titel: Dank der Nationalmannschaft. Hier ist er: „Im Stadion Europas, in der kleinen Schweiz, hat die deutsche Nationalmannschaft die Fußball-Weltmeisterschaft 1954 errungen. Was einem politisch mächtigen Deutschland niemals gelungen ist, haben die elf Jungens aus dem zerschlagenen, machtlos am Boden liegenden Nachkriegsdeutschland geschafft und vor dem international größten Forum des Völkerbundes der Fußballer mit seinen 86 Mitgliedstaaten und der größten Weltorganisation überhaupt (nicht nur auf sportlichem Gebiet) dem deutschen Namen Ehre gemacht. Das danken wir alle dem deutschen Fußballsport und der siegreichen deutschen Nationalmannschaft.“

Gefahr gebannt

Was war dagegen schon ein Unwetter im Oberland, auch wenn es schwere Schäden verursachte! Der Pegel der Donau stieg nur leicht an, und am großen Fußballsonntag fand in Vilshofen noch eine gut besuchte Ruderregatta statt. Die kurzfristig gesperrte Schifffahrt war wieder frei, obwohl in Passau die damals viel tiefer gelegene Obernzeller Straße und der Rathausplatz schon zum Teil unter Wasser standen. Schließlich waren ja auch in den ersten drei Julitagen in Passau 56 Millimeter Regen auf den Quadratmeter gefallen, im ganzen Monat Juni waren es nur 50 Millimeter gewesen. Doch der Donaupegel fiel wieder, die Gefahr schien gebannt.

Die Katastrophe kam über Nacht

Am Mittwoch, 7. Juli, setzten starke Regenfälle ein. Binnen weniger Stunden schwollen Inn und Salzach erneut an, auch Rott und Vils legten gewaltig zu und überschwemmten Straßen und Äcker.

Ehe man sich’s versah, waren ganze Ortschaften von der Außenwelt abgeschnitten. Die ebenfalls Hochwasser führende Donau, vom Inn zurückgestaut, ließ den Pegelstand ganz nahe an die 11,65 Meter heranreichen, die bei der großen Hochwasserkatastrophe des Jahres 1899 als Höchststand am Passauer Rathaus angezeigt worden waren. 1954 wohnten noch viele Passauer direkt an der Donau, in den alten Häusern mit den nassen Mauern, darunter zahlreiche Heimatvertriebene. Sie verließen fluchtartig ihre Wohnungen und wurden in eiligst hergerichteten Notquartieren in den Schulen untergebracht. Die Innbrücke musste gesperrt werden, die Ilzstadt war zeitweise nur noch mit Kähnen erreichbar. Am Samstag, 11. Juli, erreichte die Donau um 8 Uhr einen Pegelstand von 12,20 Meter.

Es sollte der Höchststand werden. Schon in der Nacht war der Inn fast bis zur Ludwigstraße vorgedrungen, und von der anderen Seite näherte sich rasch die Donau. Nur ein halber Meter etwa fehlte noch an der Oberflächen-Vereinigung. In der Heilig-Geist-Gasse in den Kanälen und im Heilig-Geist-Keller-Lokal selber waren die beiden Flüsse längst schon ein Wasser geworden.

Die Wasser steigen

Nur über Stege erreichbar: Der Platz vor der Votivkirche. Die Donau überflutete Brunngasse und Hl.-Geist-Gasse bis zum Zeughaus, 1954

„Die ertrinkende Stadt"

Das Interesse der Welt, so weit sie von der Passauer Hochwasserkatastrophe Kenntnis nahm, konzentrierte sich vor allem auf Passau. Hunderte von Journalisten berichteten aus der „ertrinkenden Stadt", und die von den Bildreportern ihren Redaktionen zugeschickten Bilder ließen die Zeitungsleser erschüttert aufhorchen. So rief eine Passauerin, die nach Amerika geheiratet hatte, ganz bestürzt die PNP-Redaktion an. Sie habe in den USA gelesen, dass in Passau das Finanzamt im Wasser stehe: „Um Gottes Willen, wenn das Finanzamt am Domplatz schon überschwemmt ist", schrie sie ins Telefon, „dann ist ja ganz Passau schon ersoffen, dann schaut ja nur noch der Dom aus dem Wasser. Was ist denn mit den Leuten geschehen, wohin hat man sie gebracht ...". Die aufgeregte Anruferin konnte beruhigt werden. Der Fotograf einer Nachrichtenagentur hatte das Finanzbauamt im Hauptzollamtsgebäude an der Donau mit dem Finanzamt verwechselt, das damals noch am Domplatz residierte.

Reißende Flüsse

Alles schaute nach Passau. Denn am Zusammenfluss von Inn und Donau hielt sich das Hochwasser am längsten. Doch zu einer echten Katastrophe wuchsen sich die Überschwemmungen an den kleinen Flüssen aus, die zu reißenden Strömen wurden und in kurzer Zeit Millionenwerte vernichteten. Im Rottal riss das Hochwasser der Rott mehrere Häuser ein. Die Bewohner eines Hauses mussten sich sieben Stunden am Geäst eines Baumes festhalten, bis sie gerettet werden konnten. Eine Frau verließen nach fünf Stunden die Kräfte, sie ertrank.

Flucht aufs Dach

Bei den Rettungsaktionen, an denen sich in großer Zahl amerikanische Truppenverbände beteiligten, ausgerüstet mit Pioniergerät und Hubschraubern, konnten zahllose Menschen von Hausdächern gerettet werden, auf die sie sich geflüchtet hatten. Dabei kam es immer wieder zu schweren Unfällen. Nahe Ruhstorf kenterte eine Zille, wobei eine 58-jährige Frau und ihr sieben Monate altes Enkelkind ertranken. Innerhalb weniger Stunden verloren viele Menschen ihr Hab und Gut. Allein in Passau lebten bald über 2000 Einwohner in Notunterkünften, wo sie auch verpflegt wurden. Eine besondere Tragik: Auch das Flüchtlingslager auf der Bschütt in der Passauer Ilzstadt wurde überschwemmt. Hier wohnten noch 250 Personen in Holzbaracken, die bei der Evakuierung bereits knietief im Wasser standen. Es handelte sich durchwegs um Leute, die ihre Habe bereits mehrmals verloren hatten.

Wie im Krieg

Nicht nur Helfer, auch Schaulustige kamen am Wochenende des 10. und 11. Juli nach Passau, zum Teil mit Sonderomnibussen „auf Hochwasserfahrt". Passau bietet, so schrieb die Zeitung am Montag, 12. Juli, das Bild einer kriegsmäßigen Etappenstadt: „Feuerlöschzüge, die selbst aus Nürnberg herangeholt wurden, Funkwagen der

DDSG-Gebäude an der Donau

Der Rathausplatz an der Donau

Die Überflutung der Ilzstadt in der Obernzeller Straße führte zur Sanierung des Stadtteils Ende der 60er Jahre (links)

Karolinenplatz

Hoher politischer Besuch in Passau: Der damalige Sonderminister Franz Josef Strauß (3. v. li.) mit Oberbürgermeister Dr. Stephan Billinger (2. v. re.), Carl Prennel (rechts), Rechtsrat Hartl (links), Ministerpräsident Hans Ehard (hinten)

Bereitschaftspolizei und des Grenzschutzes, die die drahtlose Verbindung mit den vom Zentrum völlig abgeschlossenen strom- und telefonlosen Stadtteilen Inn- und Ilzstadt herstellen, Überfallwagen und schwere Fahrzeuge amerikanischer Pioniereinheiten, die Pontons, Boote und Amphibienfahrzeuge nach Passau bringen, bestimmen den Verkehr. Auswärtige Fahrzeuge werden auf der einzigen wasserfreien Zugangsstraße in St. Anton kontrolliert und bei Nichtvorliegen eines dringenden Auftrages zur Umkehr veranlaßt bzw. auf die Parkplätze der sogenannten Hohen Zone geleitet. Die sehr schmal gewordene Halbinsel hat keinen Platz mehr für Neugierige. Der Verkehr in den überschwemmten Straßen wird durch Schlauchboote aufrechterhalten, in denen man

auch Kranke und Verunglückte befördert, während Verstorbene auf dem Bahnweg zum Innstadtfriedhof gebracht werden. Hubschrauber kreisen zuweilen tief über den Dächern der Stadt und halten Ausschau nach besonderen Notständen im Überschwemmungsgebiet. Die ‚Ducks' (Amphibien), die ein amerikanisches Pionierbataillon aus Karlsruhe herangebracht hat, haben am Samstag den Verkehr zwischen der Ilzstadt und der Donauhalbinsel aufgenommen."

Die alten Häuser

Am Montag schien, für Passau wenigstens, das Schlimmste überstanden. Doch auf den Wiesen und Äckern des Passauer Umlandes blieb das

Rettung der Fahrräder. Fahrradgeschäft Einhellinger, Ecke Unterer Sand/Grabengasse

Bushaltestelle fast unter Wasser, Ludwigstraße

Hochwasserschäden in der Theresienstraße (rechts)

Wasser stehen, und die alten bäuerlichen Anwesen aus der Vorkriegszeit, im Krieg nur notdürftig unterhalten, zeigten bald Sprünge und Risse. Viele Nebengebäude stürzten ein. Heute sind die meisten dieser alten Häuser verschwunden. Neue, größere Höfe entstanden in den vergangenen 50 Jahren oder die Natur eroberte die aufgegebenen Flächen zurück.

Die Amis

Die Passauer Stadtverwaltung schätzte den Hochwasserschaden auf etwa 6 Millionen DM, von denen 1,3 Millionen auf das städtische Vermögen entfielen. In der ersten Stadtratssitzung nach der Katastrophe kritisierte Oberbürgermeister Dr. Billinger die mangelnde Hilfsbereitschaft der

Rettung per Boot im Bratfischwinkel

Ludwigstraße vor der alten Votivkirche, die 1963 abgerissen wurde

jungen Leute. Nur 16 hätten sich auf einen entsprechenden Aufruf gemeldet. Dies war auch ein Thema der Kathie Hasenbradl, der Briefpartnerin des Passauer Tölpels, in der Samstagausgabe der PNP: „Ein Glück im Unglück, daß die Amis bei uns sind", schrieb sie, „die haben sich in dieser harten Zeit als wahre Freunde erwiesen und man hat sie von einer ganz anderen Seite kennengelernt, als wenn sie bloß im Jeep herumfahren, und unsere jungen Stenzen mit ihren heraushängenden Hanswursthemden, die die ganzen Katastrophentage faul herumflaniert sind und Maulaffen feilgehalten haben, hätten eigentlich merken müssen, daß sie von den Amerikanern was Besseres lernen könnten, als was ihnen in Wildwest- und Gangsterfilmen davon vorgesetzt wird. Am

Rathauseingang in der Schrottgasse

So sah das Hochwasser 1899 aus: Ilzdurchbruch

Samstagnachmittag und am Sonntag hast du dann dein blaues Wunder erleben können. Da ist es in der Stadt zugegangen, wie wenn Maidult wäre. Die Zeitungs- und Rundfunkberichte haben gewirkt und es sind von überall her fremde Leute gekommen, um sich die ‚ertrinkende Stadt' anzuschauen ...". Für viele Schaulustige, so ist es in dem Bericht zu lesen, war es ein besonderes Vergnügen, sich mit den Zillen, Sturmbooten und Amphibienfahrzeugen der Amerikaner durch die Stadt fahren zu lassen. „Das ist ja wie in Venedig", freute sich lachend eine Münchnerin.

Dick aufgetragen

Dass die Medien bei Katastrophen gern dick auftragen, wissen wir nicht erst seit heute. Das war 1954 schon so. Hier einige Gustostückerl aus

Presse und Rundfunk: „Die Ludwigstraße in Passau ist zu einem reißenden Nebenfluß der Donau geworden“, berichtete der Bayerische Rundfunk. Am anderen Tag hieß es: „Aus Passau dringen nur mehr spärliche Nachrichten.“ Ein Ostzonensender meldete: „Tausende von Toten schwimmen in den überfluteten Straßen Passaus umher. Eine riesige Hungersnot ist in der lieblichen Stadt ausgebrochen.“ Auf der ersten Seite des Münchner Abendblattes war am 13. Juli zu lesen: „Hunger und Not in Passau.“ Eine ausländische Nachrichtenagentur griff diese Nachricht auf und lieferte ihren Abnehmern folgende Sensationsmeldung: „In Passau rauft man sich um jeden Laib Brot. Polizei muß bei Schlägereien vor Bäckerläden mit Waffengewalt einschreiten.“ Besonders gruselig hörte sich der Satz an: „Zwischen den Brettern im Passauer Dom huschen die Ratten umher.“

Zahllose Spenden

Die Anteilnahme an der Hochwasserkatastrophe war in ganz Deutschland und auch im Ausland groß. Spenden in großen und kleineren Beträgen gingen bei der Stadtverwaltung Passau ein. Die Hilfsangebote rissen nicht ab. Doch wie 49 Jahre später, beim Hochwasser von 2003, fanden sich auch damals allerhand lockere Vögel ein. So tauchte an allen Brennpunkten ein VW-Transporter auf, der mit dem Transparent „Deutsche Lebensrettungsgesellschaft Berlin“ geschmückt war. Wo immer Not am Mann war, fuhr dieser Wagen vor. Die Männer sprangen heraus – und ließen sich fotografieren. Dem technischen Hilfswerk blieben sie in guter Erinnerung wie 2003 der falsche Bundeswehrleutnant – denn nach ihrem „Einsatz“ fehlten acht Helferuniformen. In diesen Helferuniformen erschienen sie wenig später in Vilshofen. Sie sollten beim Sandsäckeschleppen mithelfen, empfahl man ihnen hier, Menschen seien nicht zu retten. „Machen wir“, sagten die Berliner – und suchten sich erst einmal ein komfortables Quartier, in dem sie es sich gleich gemütlich machten. Das in einem Café besorgte Frühstück schrieben sie dem Vilshofener Bürgermeister auf die Rechnung, der ihnen auch neue Socken spendierte. Draußen am Damm schnappte sich jeder einen Sandsack – und so ließen sie sich alle zusammen wieder fotografieren. Dem Bürgermeister von Altenmarkt diktierten sie ein Danktelegramm an den Bürgermeister von Berlin. Und anschließend beglückten sie die Österreicher mit ihrem „Katastropheneinsatz“, über den der Linzer Rundfunk ausführlich berichtete.

Tonnen von Sachspenden

Als das Wasser tatsächlich sank und mit dem Aufräumen begonnen werden konnte, rollte eine Welle der Hilfsbereitschaft auf Passau zu. Geld- und Sachspenden – diese gleich tonnenweise – konnte man im Rathaus entgegennehmen und an die Hilfsorganisationen weiterleiten. Doch die hatten selber schon alle Lager voll. Selbst der Tierschutzverein wurde mit Tiernahrung bedacht. Für die Helfer vor Ort war es nicht leicht, eine gerechte Verteilung zu organisieren. Auch daran hat sich nach 50 Jahren nichts geändert.

Hochwasserhelfer mit selbstgebautem Floß in der Frauengasse

BETRIEBSSTOFF
FEUERGEFÄHRLICH!

Im Kabelkorb

Die Jochensteiner hatten sich zu früh gefreut. Die 80 Tage Vorsprung heim Bau des Kraftwerkes büßten sie in wenigen Tagen ein. Denn das Hochwasser hinterließ eine Spur der Verwüstung. Der Autor dieses Berichts konnte die Schäden mit eigene Augen sehen. Die Bauleitung erlaubte ihm eine Fahrt im Korb des Kabelkrans 30 Meter hoch über der Donau. Dies war die einzige Verbindung vom bayerischen zum österreichischen Ufer. Eine waghalsige Kranfahrt, nur wegen ein paar Fotos. Wie an den Niagarafällen schäumte und rauschte die schmutzig-gelbe, aufgewühlte Donau. Überall schwammen die Holzverschalungen der Betonbauten. Eine Turbine ragte noch einen halben Meter etwa aus dem Wasser, ein großer Kran war umgestürzt. Das ganze ein Chaos. Wie durch ein Wunder gab es nur einen Schwerverletzten, der Mann war am Tag zuvor in einen Schacht gestürzt.

Im Amphibienfahrzeug

Sie erwiesen sich als Retter in der höchsten Not, die Amphibienfahrzeuge der Amerikaner. Zitternd vor Kälte saß eine 65-jährige Frau in einem dieser Schwimmwagen, der sie aus ihrem überfluteten Gehöft bei Neuhaus geholt hatte. Aus den starr geöffneten Augen der Frau rannen die Tränen. In den Armen hielt sie ängstlich umschlossen einen Kartoffelsack, aus dem die schwarze Schnauze eines Hundes hervorschaute. Andere Frauen hielten krampfhaft ihre mit Schwimmwesten ausgerüsteten Kinder in den Armen, während sich das Fahrzeug unter Telefonleitungen und Baumwipfeln seinen Weg bahnte. Wo noch Menschen vom Wasser eingeschlossen ausharrten, brachten ihnen die Amerikaner in großen Milchkannen Wasser und dazu Pakete mit amerikanischer Truppenverpflegung. Auf den Weiden brüllte das Vieh, bis zum Bauch im Wasser und im Schlamm stehend.

In Passau hat man aus der Katastrophe von 1954 gelernt. Nur noch wenige Wohnungen liegen im Hochwasserbereich, überwiegend sind es Geschäfte und Gastronomiebetriebe. Und wir leben heute in einer anderen Zeit. Wir leben in einer durchorganisierten Wohlstandsgesellschaft. Not und Elend liegen ein halbes Jahrhundert zurück.

Rettungskräfte vom Bundesgrenzschutz auf dem Residenzplatz

Wilhelm Schraml

Das Notwendige beginnen und das Mögliche tun

Erfahrungen eines Bischofs, der sich auf den Weg machen muss

„Wie geht es Ihnen als der Neue?" – „Haben Sie sich im Bistum Passau eingelebt?" – „Welche Erfahrungen haben Sie gemacht?" Fragen wie diese sind mir gerade in den ersten beiden Jahren meiner Amtszeit als 84. Bischof von Passau immer wieder gestellt worden. Die Antworten waren dann meist Momentaufnahmen oder Blitzlichter etwa in Interviews, auch abhängig von dem, was an diesem Tag gerade anstand.

Dieses Mal will ich aber ein wenig über solches „Alltagsgeschäft" hinausschauen. Wo könnte man das besser, als auf einem Weg, der hinaus- und hinaufführt ins Weite. Schon seit der Jugend sind mir die Berge vertraut. Dort kann ich auf- und durchatmen. Man steigt Meter für Meter, hört nur noch den eigenen Atem in der Stille, die einem langsam umfängt. Der Lärm des Alltags, die Geschäftigkeit und Hektik verhallen mit jedem Schritt bergan im Rauschen des Bergwaldes. Der Blick geht voran zum Ziel. Manchmal noch in den Wolken verborgen, dennoch präsent. Freiheit für das Eigentliche, ankommen bei sich selbst und damit auch in jenem Geheimnis, das wir Christen Gott nennen. Kein Wunder, dass bis heute auf den Gipfeln Kreuze stehen, als Mahnung und Zeichen. So eine Bergtour, wie ich sie etwa im Sommer mit Freunden in den Südtiroler Bergen gemacht habe, kann schon ein solches Bild für die Wegstrecke eines Bischofs sein, eine Annäherung an all das, was sich in meinem Leben seit dem Jahr 2001 verändert hat.

Manchmal kommt die Einladung zu einer Tour aus heiterem Himmel. „Komm, wir gehen. Du musst dabei sein!" Da braucht man schon ein wenig Bedenkzeit: „Kann ich das? Schaffe ich das? Traue ich mir das zu?" Noch einmal ein Aufbruch, ein Anfang im Leben? Doch schon das Zutrauen der anderen hilft. „Wenn die dir das zutrauen, dann kannst du das auch." – „Vor allem, wenn ER es dir zutraut." Und dann kommt es auf einen selbst an, im Leben erneut ein klares verbindliches „Ad sum – Ich bin bereit" zu sagen und sich auf den Weg zu machen.

„Seit meiner Jugend sind mir die Berge vertraut." Bischof Wilhelm Schraml auf einer Tour in den Loferer Steinbergen im Herbst 2003

Der Rucksack steht bereit. Jetzt muss er gepackt werden. Wohl überlegt! Er darf nicht zu schwer sein für die lange Wegstrecke. Es darf allerdings auch nichts „Wichtiges“ fehlen.

Was ich mitgenommen habe nach Passau ist zuallererst meine ganz persönliche Lebens- und Glaubenserfahrung. Auf dem, was ich angefangen von meinen Eltern, meinen Begleitern in Schule und Studium, meinen Mitbrüdern im priesterlichen und bischöflichen Dienst und von den vielen Menschen, denen ich im Lauf all der Jahre begegnen durfte, bekomme habe, baut sich alles andere auf. Natürlich auch auf dem ganz persönlichen Ringen und Suchen, ja auf dem Gebet, der Nähe zu Gott und Jesus Christus.

Ganz praktische Dinge, oft auch kleine Dinge des Alltags, können auf einer Tour wichtig werden. Höhenmesser und Kompass, um immer wieder die Richtung einzustellen, Verbandszeug für die kleinen Verletzungen, die jeder von uns im Leben abbekommt, Verpflegung und damit auch eine Ration für jene Strecken im Leben, in denen wir hungern und dürsten nach dem, was persönlichen Halt gibt und wirklich trägt. Ich meine damit jene Substanz an Glauben, an Beheimatung in unserer Kirche. Kurz gesagt den „Schatz des Glaubens“.

Nun kann es losgehen, „in Gotts Nam“. Der Weg oder Einstieg will gefunden sein. Gott sei Dank gibt es Wegweiser, Menschen, die einem beiseite stehen auf zunächst unbekannten Terrain. Und Menschen, die man beim Abschied dankbar noch einmal vor den geistigen Augen vorbeiziehen lässt. Gewohnte Umgebung aufgeben und neue Heimat finden. Sich zurechtfinden. Dies in dem Bewusstsein, als Christ eigentlich auf eine letzte Heimat zuzusteuern. Die Schritte auf dem neuen Weg dürfen nicht überstürzt sein. Ich achte auf die Umgebung. Will kennenlernen und erfahren, welche Spuren sich schon eingegraben haben. Welche Fußstapfen andere vor mir hinterlassen haben. Hinhören gehört dazu, auf die vielen Stimmen, die einem entgegenfliegen. Ob das Wanderer sind, die von der Tour ins Tal zurückkehren, oder Bergsteiger, die sich auch ein Ziel gesetzt haben. Das alles gilt es Schritt für zu Schritt einzuordnen. Ein Blick zurück: Wie schnell man doch das Tal hinter sich lässt! Wie schnell die Zeit vergeht!

Dennoch keine Eile. Der eigene Marschrhythmus ist entscheidend. Auch die ganz persönliche Routenwahl. Aus der Vielzahl von möglichen Aufstiegen ist genau jener zu wählen, der meinen Fähigkeiten und Ansprüchen einfach entspricht. Natürlich habe ich das vorgegebene Wegnetz vor Augen. Die Wegmarkierungen, die mir einen sicheren Aufstieg ermöglichen, die Heilige Schrift, die Tradition der Kirche, die Feier der Liturgie, ganz besonders der Eucharistie. Und ich bin ja nicht allein. Tausende andere haben die Wege schon beschritten, sind mir auf dem Weg. Da gilt es immer wieder Ausschau zu halten. Im Grunde hat ein Bischof auch nichts anderes zu tun als ein guter Tourenführer: Die einen sollen nicht zu weit davonstürmen. Die Gefahr, dass den Langsameren die Luft ausgeht, wäre zu groß. Ich muss auch auf die achten, die nicht so gut mitkommen. Sie

„Willkommen, Herr Bischof“, sagen die Mädchen der Gisela-Schulen in Passau-Niedernburg

Den Hirtenstab übergeben: Der Erzbischof von München-Freising und Metropolit der bayerischen Kirchenprovinz, Kardinal Dr. Friedrich Wetter (li.) und Altbischof Dr. Franz Xaver Eder (re.) bei der feierlichen Amtseinführung von Wilhelm Schraml als 84. Bischof von Passau am 23. Februar 2002

„Gott ist es, der uns hinausführt ins Weite.“ Der Bischof auf dem Oberhausberg vor der Kathedralkirche St. Stephan zu Passau

bisweilen anstoßen. Die Gruppe muss zusammen bleiben. Und der Tourenführer wie der Bischof muss das Ziel vor Augen haben. Ja, er muss gar an steileren Kletterstellen Mut machen, aufmuntern, um des größeren gemeinsamen Zieles willen. Er muss den anderen dieses Ziel auch vermitteln. In Wort und Tat. Mit Rat und Hilfe. Er muss Sicherungspunkte suchen, im Falle dafür sorgen, dass Seile gespannt werden. Verzagen darf er jedenfalls nicht. Und er wird es auch nicht. Dafür hat er in seinem „Rucksack“ eine unendliche Ahnung, ein Vertrauen, ein Zutrauen, das für die ganze Tourengruppe gilt. Gott ist es, der uns hinausführt ins Weite. Er begleitet uns auf rechtem Pfad. Er sorgt dafür, dass wir auch in schwierigem Gelände Halt finden.

Der Pfad wird steinig. Vielleicht eine ausgesetzte Stelle. Da muss ich auch selber durch. Wer die Baumgrenze überschreitet, spürt sehr bald, dass auch die Luft dünner wird. Jetzt tut eine Pause gut. Ich schaue wieder zurück. Blick hinab auf den Weg, der sich zum Einstieg schlängelt und zusehends steiler wurde. Jetzt ist Zeit, sich selbst und sich gegenseitig zu stärken. Hinsetzen und zur Ruhe kommen. Zu sich selbst kommen. Und zu Gott. Ein stiller Dank für das Erreichte. Eine persönliche Bitte um weiteres Gelingen. Das nenne ich Gebet, das wir alle in der heutigen Zeit so nötig haben. Ein nächster Blick auf die Karte. Ein dritter Blick voraus Richtung Ziel.

Je steiler die Passagen werden, desto mehr muss der einzelne sich konzentrieren. Vorsichtig ausgreifen zum nächsten Griff. Herantasten an die nächste Steinstufe, die vielleicht nur einen Finger breit ist. Kopf und Herz sind gleichermaßen gefordert. An solchen Stellen braucht man auch jenes innere Wissen oder jene innere Sicherheit, die sich aus persönlicher Erfahrung und Übung ergibt. Könnten Sie, verehrte Leserinnen und Leser, wirklich in Krisenzeiten schnell ein Gebet verfassen?

Oder würden Sie nicht auch auf das zurückgreifen, was Ihnen seit Kindesbeinen vertraut ist? Wie gut ist es dann, sich eingebunden zu wissen in eine Gemeinschaft. Ich kann auch sagen Schicksals-Gemeinschaft. Spätestens hier erweist sich Bergkameradschaft. Wer kennt nicht diese Lebensphasen, in denen er unsicher ist, sich ausgesetzt fühlt? Und wer hat es dann nicht als unendlich hilfreich empfunden, zu wissen, dass da andere ihn halten, dass er sich eingebunden wissen darf in diese große Hoffnungs-Gemeinschaft, die da heißt Volk Gottes?

Konkret im Bistum Passau. Da ist dann genau jene Substanz an Heimat im Glauben gefragt, die ich vorher angesprochen habe. Darüber hinaus, so dürfen wir uns sicher sein, gibt es jemanden, dem wir uns in Not und Sorge anvertrauen können: die Gottesmutter Maria.

Der Himmel weitet sich. Durch Wolkenfetzen schaut man hinauf zum Gipfelkreuz. Wer dort ankommt, hat Mühsal hinter sich. Wer hinaufgeht, hat sich geschunden. Der Lohn? Das muss jeder mit sich selbst ausmachen. Vielleicht ist es manchmal nur der Weg selbst.

Ich möchte bewusst bei dieser Ahnung vom und vor dem Gipfel stehen bleiben. Außerdem bin ich eher ein Bergwanderer denn ambitionierter Gipfelstürmer oder Kletterer.

Noch liegen vor mir viele Schritte, die es zu tun gilt. So gehe ich den Weg auf Jesus Christus als Ziel hin. Bin gefordert als Christ und habe als Bischof die Aufgabe, zu leiten, zu lehren und zu heiligen. Dies in dem Wissen, dass ich nicht allein bin. Da sind viele an meiner Seite, gläubige Frauen und Männer, alte und junge Menschen, Priester wie haupt- und ehrenamtliche Mitarbeiterinnen und Mitarbeiter. Wir alle dürfen sicher sein, dass Jesus Christus uns nahe ist auf dem Weg durch die Zeit.

Ob Bergtour oder Bischofsamt, eines trifft auf jeden Fall zu. Nämlich ein Satz, der dem heiligen Franz von Assisi (1181 – 1226) zugeschrieben wird: „Beginne, das Notwendige zu tun. Tue das Mögliche. Und es wird Dir das Unmögliche gelingen.“ Solche Lebensweisheit gilt für jede und jeden von uns Christen.

Mit Gottvertrauen unterwegs:
„Wir alle dürfen sicher sein, dass Jesus Christus uns nahe ist auf dem Weg durch die Zeit.“

Heinz Walter Schmitz

Altersdestillate europäischen Musizierens

Der Passauer Hofkapellmeister Georg Muffat starb vor 300 Jahren

Im Jahr 2004 kann die Musikwelt des dreihundertsten Todestages eines Musikers gedenken, der dem faustischen Antrieb, alles wissen zu wollen, um seine Sachen so gut wie möglich machen zu können, im Europa des 17. Jahrhunderts wie kein zweiter seiner Generation nachging: Georg Muffat. Die Vorreden zu seinen Werken sind auslotende Darstellungen der zeitgenössischen barocken Musikrhetorik – keine jugendlich-rechthaberischen Manifeste, sondern Altersdestillate europäischen Musizierens. Denn der Lebensweg des Passauer Hofkapellmeisters durchmaß fast das ganze Europa. Ein vielsprachiges Europa, das sich aber in einer gemeinsamen Musikkultur zu verständigen wusste. Muffat, der mindestens vier Sprachen in Wort und Schrift beherrschte, sich aber ausdrücklich als Deutscher fühlte (chez nos Allemans), stammte aus einer ursprünglich schottischen Familie, die unter Elisabeth I. ihres katholischen Glaubens wegen England verlassen hatte. Sie siedelte in Mégève an, einem winzigen savoyardischen Bergdorf aus dem 13. Jh. westlich des Mont Blanc bei St.-Gervais-les-Bains. Dort kam am 1. Juni 1653 Georg Muffat auf die Welt. Einen Teil seiner Kindheit verbrachte Muffat im Elsass, das, ausgenommen einige Freistädte, durch den Westfälischen Frieden 1648 überwiegend zu Frankreich gekommen war und in der befestigten Stadt Molsheim das Zentrum der Gegenreformation hatte.

Die frühe Schulzeit verbrachte Muffat in Paris und ging um 1669 zum Studium wieder ins Elsässische nach Schlettstadt zu den Jesuiten, die dort seit 1615 eine Niederlassung und ein Gymnasium hatten. Von dieser Zeit an lässt sich Muffats stets von Jesuiten begleitete Bildung verfolgen. 1671 ist Muffat Student der Rhetorik in der obersten Gymnasialklasse am Jesuitengymnasium in Molsheim und Organist in der Pfarrkirche. An diesen Schulen müssen auch seine musikalischen Fertigkeiten grundgelegt worden sein. Kriegsereignisse drängten Muffat zur Flucht aus dem Elsass, denn Frankreich befand sich um diese Zeit im Krieg ge-

Das Siegel von Georg Muffat aus dem Passauer Diözesanarchiv Erstveröffentlichung

Musik in der Barockzeit: Frauengestalt mit Laute, ein Schnitzrelief an der Epistelorgel im Passauer Dom

Musikalische Themen im Dom zu St. Stephan in Passau: Ein Engel mit Gitarre an der Unterseite der Orgelempore von Carlo Antonio Bussi

gen ein Bündnis von Österreich, Holland, Spanien und Karl IV. von Lothringen. 1673 annektiert Frankreich die zehn Elsässer Reichsstädte. Daraufhin erklärt am 24. Mai 1674 der Reichstag zu Regensburg Frankreich den Krieg.

Georg Muffats nachweisbare Kompositionstätigkeit beginnt 1677 in Prag mit einer im Autograph überlieferten Sonate für Violine und Basso continuo im Typus der italienischen Kirchensonate.

Hoforganist in Salzburg 1678 – 1689

1678 begann Muffat seinen Dienst als Hoforganist bei Fürsterzbischof (1668 – 87) Max Gandolph Graf von Khuenberg in Salzburg. Mit der Ernennung Georg Muffats zum Hoforganisten um 1677/78 fällt sicher auch seine Eheschließung mit Anna Elisabeth zeitlich zusammen. Dem Ehepaar werden insgesamt neun Kinder geboren, davon zwei in Passau.

Am Salzburger Hofe wirkte seit 1670 Heinrich Ignaz Franz Biber (1644 – 1704) als Violinist in der Hofkapelle; er gilt als einer der großen deutschen Geiger des 17. Jahrhunderts. Um seine eigenen, anspruchsvollen Stücke spielen zu können, bediente er sich häufig der sogenannten „scordatura", des bewussten Umstimmens der Violinsaiten und erweiterte die Spieltechnik seines Instruments um Doppelgrifftechnik und höheres Lagenspiel. In der deutschen Geigerschule wurde damals der Bogen mit dem Daumen noch an den Haaren gehalten, wie es auch in Frankreich üblich war (Untergriff). In Italien dagegen hatte man schon nach 1600 den heute üblichen Bogengriff mit allen Fingern an der Stange eingeführt (Obergriff). 1679 rückt Biber zum Vizekapellmeister auf, 1684 erreicht er die Kapellmeisterstelle. Vom Salzburger Fürstbischof wird Muffat um 1781/82 nach Rom zu weiteren Studien geschickt.

Weitere Darstellung von Musik im Passauer Dom: Engel mit Trompete von Carlo Antonio Bussi

Das Deckenfresko unter der Orgelempore des Mittelschiffes stammt von Carlo Antonio Bussi. Es zeigt das himmlische Konzert der hl. Caecilie

Als am 29. Dezember 1687 dem neugewählten Salzburger Erzbischof Johann Ernst von Thun das Pallium überreicht wird, führt man von Muffat im Universitätstheater die Oper La Fatali auf. Anscheinend reduzieren sich unter dem neuen Bischof die Anlässe für repräsentative Musik. Dass Muffat in Salzburg weiter komponiert hat, teilt er Jahre später mit, gleichzeitig spricht er dann von Hass und Neid, der ihm in Salzburg entgegengeschlagen sei. Ob damit auch Biber zu tun hat, ist zumindest fraglich, denn als Musiker schätzte Muffat ihn, er hat 1691 in Passau noch mindestens fünf Partien von Biber kopieren lassen.

1690 – Hofkapellmeister in Passau

Im Januar 1690 trifft Muffat den neugewählten Passauer Fürstbischof Johann Philipp von Lamberg bei Krönungsfeierlichkeiten der Familie Habsburg in Augsburg. Dort wollte Muffat mit seinem Apparatus musico-organisticus, die erste im Habsburgerreich gedruckte Orgelmusiksammlung überhaupt, auf sich aufmerksam machen. Muffat hatte Gelegenheit, dem selber komponierenden Kaiser Leopold I. vorzuspielen und mit ihm so eingehend über Musik, Tempofragen und Verzierungstechniken zu diskutieren, dass Leopold I. dies später noch vertiefen wollte und Muffats Auffassungen nachzulesen begehrte.

Denn wenig bekannt ist, dass Muffat auch seine im Florilegium II (1698) niedergelegten Anmerkungen auf die Musik des Apparatus angewendet wissen will. So hebt er in einem kurzen Nachtrag zum Florilegium Primum (1695) hervor, dass er Kaiser Leopold I. 1690 in Augsburg versprochen hatte, Ausführungsbestimmungen zu seiner Musik schriftlich folgen zu lassen.

Der Apparatus ist eine Sammlung von zwölf Modulationes oder Toccaten, einer Ciacona, einer Passacaglia und einer Nova Cyclopeias Harmonica für Orgel. Die Muffatschen Toccaten sind mehrsätzige Verbindungen der alten Sparten des improvisatorischen Orgelspiels: Der freien Intonatio und des Praeambulums sowie der gebundenen Form des Ricercare, dessen vokaler Ursprung in der mit typischen Elementen anderer Musikinstrumente arbeitenden Fantasia verbunden wurde. Jedenfalls kann der Passauer Fürstbischof Johann Philipp von Lamberg bereits zu Ostern 1690 Muffat als Hofkapellmeister nach Passau gewinnen. Johann Philipp von Lamberg war bei seiner Wahl am 24. Mai 1689 erst 37 Jahre alt und hatte noch eine große Karriere vor sich: 1699 wurde er Prinzipalkommissar, das heißt Stellvertreter von Kaiser Leopold I. (1657 bis 1705) auf dem Regensburger Reichstag. Am 21. Juni bis 1700 wurde Johann Philipp von Lamberg Kardinal. In Passau wird Muffat später drei große Sammlungen seiner spätbarocken Orchesterwerke edieren, die wesentliche und nachhaltige Beiträge zur deutschen Musik sind. Aber zunächst könnte ein anderes großes Werk auf Passau und seinen neuen Dienst hinweisen:

Messe In Labore requies

1994 legte der Salzburger Musikwissenschaftler Ernst Hintermaier erstmals die Messe In Labore

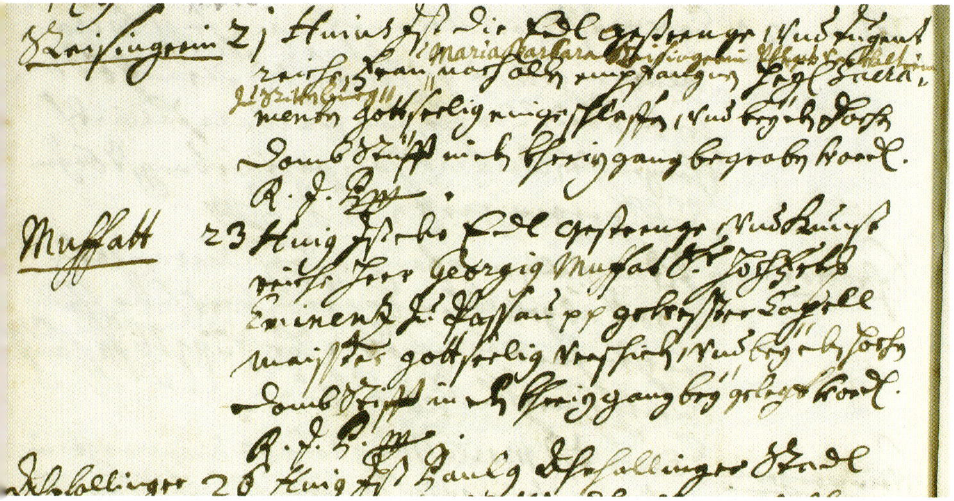

Der Sterbeeintrag Georg Muffats befindet sich im Diözesanarchiv

requies zu 24 Stimmen in zwei Vokalchören, drei Instrumentalchören und Basso continuo vor. Er hatte die höchstwahrscheinlich autographe Partitur in der Széchény-Bibliothek Budapest aufgespürt.

Da die bei so groß besetzten Werken übliche Widmung verloren gegangen ist, wird der Entstehungsanlass spekulativ. Die Messe ist auf Salzburger Papier geschrieben, für die Salzburger Zeit Muffats (1678 – 89) sieht Hintermaier zwei mögliche Anlässe: erstens die Inthronisationsfeier von Johann Ernst von Thun zum Erzbischof von Salzburg zwischen Weihnachten und Neujahr 1679/80 und zum anderen die 1100-Jahr-Feiern der Gründung des Erzstiftes Salzburg 1682.

Aber auch Passau kann 1690 – noch auf Salzburger Papier – in Frage kommen: Die Weihe Johann Philipp von Lamberg an Pfingsten 1690. Insgesamt ist eine Aufführung in Passau aufgrund der kürzeren Entfernungen zwischen den einzelnen Emporen leichter als in Salzburg zu realisieren. Der Titel der Messe In labore requies führt sofort zu der vierten Strophe der Pfingstsequenz: „In labore requies – In der Arbeit gebe/finde Ruh – ohne daß damit eine Erklärung des Titels gegeben werden könnte. Das Lemma bleibt dunkel."

Die Messe selbst gliedert sich musikalisch in 29 Einzelsätze, dessen kürzester Satz (Passus) 12 Takte, der längste Satz (Cum Sancto Spiritu/Et vitam venturi) 56 Takte hat. Die Reihung kurzer und knapper musikalischer Gedanken bestimmt auch hier das Gesamtbild, die Harmonik ist der Vielstimmigkeit entsprechend einfach.

Ein Reichsdiplomat wird Passauer Fürstbischof

Der neue Fürstbischof hatte ernste Sorgen wegen der anstehenden repräsentativen Verpflichtungen seiner Priester- und Bischofsweihe an Pfingsten 1690. Ein Kapellmeister fehlte, Sänger fehlten, Musik fehlte. Um diese Details kümmerte sich der Fürstbischof selbst, denn die Repräsentationspflichten dieses Reichsfürsten und diplomatischen Sondergesandten erforderten einen reich gegliederten, mit Personal für alle repräsentativen Angelegenheiten ausgestatteten Hofstaat. Im Frühsommer 1689 verfasste der Präfekt des 1612 gegründeten Passauer Jesuitenkollegs und fürstbischöfliche Tanzmeister, Christian Leopold Krinner, aus Anlass der anstehenden Fürstbischofswahl zwei Dramen, zu denen Johann Michael Zacher, Kapellmeister am Wiener Stephansdom, die Musik schrieb. Beide Stücke erhielten eine aktuelle Huldigungsadresse an den neuen Fürstbischof. Die Wahl eines Wiener Komponisten zeigt, dass wohl aus Passau zu dieser Zeit kein Musiker als Komponist eingeschätzt wurde.

Im Bereich der höfischen Musik sollte Muffat als neuer Hofkapellmeister ein auf der Höhe der Zeit stehendes Orchester leiten, er hatte für die Tafelmusik bei Hofe eigene oder fremde Musikalien bereitzustellen. Für die dazu notwendigen Abschriften und Stimmenauszüge stand ihm ein Kopist zur Seite. 1691 fiel noch rund ein Viertel der abgeschriebenen Musik auf die Kirchenmusik, 1695/96 findet sich kein ein einziger kirchenmusikalischer Titel mehr. Musik in Passau hieß damals Musik am Hofe des Fürstbischofs mit vielen Spielstätten: Seit 1683 gab es das Ballhaus, heute Bühnen- und Zuschauerraum des Passauer Stadttheaters, für die sportliche Betätigung und Unterhaltung des Hofes und der Domherrn. 1691 wurde Johannes Hoy hochfürstlicher Ballmeister. Seit November 1690 war im Jesuitenschulgebäude, das bis 1913 an der Stelle der heutigen katholisch-theologischen Fakultät stand, ein 570 m^2 großes und für rund 2000 Personen berechnetes „theatrum dramaticum" eingerichtet.

Muffat – Erzieher der Sängerknaben

Neben der Hofmusik lehrte, beherbergte und verköstigte Muffat die 4 Diskantisten und einige Knabenaltisten des Domes von 1693 bis 1700 in seinem Hause. Die Knaben wurden auch im Tanz, im Violin- und „Bäsl"-spiel für alle Hof- und Domb Musikdiensten unterrichtet. Dort ging es wohl streng zu, denn im Oktober 1693 muß der Hofmarschall den Diskantisten Janneburg arrestieren, damit es zwischen Muffat und ihm zu keinem Unglück komme; Janneburg wird später entlassen. Aber 1700 wird es Muffat und seiner Frau mit den fremden Knaben zu viel. Er sei ein Genesender, schreibt Muffat, damit würde er seiner Frau viel Arbeit machen und auch mit den eigenen Kindern hätte sie genug zu tun und so bittet Muffat um Entbindung von diesen Aufgaben.

Seine Kinder Friedrich Siegmund und Hans Ernst unterstützen als Diskantisten die Passauer Kirchenmusik. Der am 25. April 1690 in Passau getaufte Sohn Gottlieb konnte am Wiener Kaiserhof eine große musikalische Karriere machen: Ab 1711 war er zunächst dort Hofscholar und Schüler von Johann Joseph Fux. Mit 27 Jahren, 1717, wurde er zum Hof- und Kammerorganisten in Wien ernannt und erteilte den Kindern Kaiser Karls VI., darunter auch Maria Theresia, Musikunterricht. Von Gottlieb Muffat ist ausschließlich Musik für Tasteninstrumente überliefert. Er starb 1770 in Wien.

Muffat – Erzieher des Orchesters

In den Anmerkungen seiner Florilegia spricht Muffat häufig von Jean-Baptiste Lully, seit 1653 in Paris Compositeur de la musique instrumental du Roi – mit einem eigenen Orchester –, der petite band. Muffat vertritt in seinen Schriften Lullysche Aufführungsprinzipien und Werkformen.

Jean-Baptiste Lully erarbeitete mit seinem Orchester beispielsweise über eine einheitliche Bogenführung eine bis dahin ungehörte Perfektion und legte großen Wert auf die sorgfältige Ausführung der Ornamentik. Die nachhaltige Wirkung der Lullyschen Ballettmusiken beruhte in erster Linie auf der durch Perfektion beeindruckenden Darbietung dieser Musik. Aus einem Gedicht des Tanzmeisters Leopold Krinner ist zu schließen, dass auch Muffat sehr an der Perfektionierung seiner Hofkapelle gelegen war: wer so lehrnt Geigen rühren, kann jeden, der es hört, behend zum Tanze führen.

Florilegium I Passau – Augsburg 1695

Die Florilegia sind Sammlungen höfischer Tanzmusik. 1695 gibt Muffat in Augsburg das Florilegium I bei Jakob Koppmayr in Druck. Als Kapellmeister und Hofmeister der Edelknaben hatte Muffat die Aufgabe, Musik für die Ballette des adeligen bzw. ministerialen Liebhabertheaters und für andere repräsentative höfische Gelegenheiten zu komponieren. Sie umfassen insgesamt 112 Einzelsätze, die zu Suiten oder Partien mit unterschiedlich charakterisierten Overtüren zusammengefasst sind.

Dem Florilegium I stellt Muffat eine Widmung an Fürstbischof Johann Philipp voran. Darin vergleicht er das Wachsen und Werden seiner Kompositionen mit dem Gedeihen von Blumen und der Fürstbischof habe zu den günstigen Umständen, die dazu notwendig seien, beigetragen. In anrührender Weise formuliert Muffat die Friedenssehnsucht jener Zeit. Er möchte mit seiner Musik, da er die französische Art der Teutschen und Welschen einmenge, zur Verständigung der Völker beitragen.

1698 publizierte Muffat in Passau beim Drucker Höller sein Florilegium II, das durch seine detailreiche Einführung in die stilgerechte Aufführungspraxis zur Musik jener Zeit große Bedeutung gewinnt. Es wird dadurch zu einer wichtigen Quelle um auf Lullianisch-Frantzosischen Arth, Ballete zu produciren. Ausführlich beschreibt Muffat die Applicierung der Finger für das intonationssichere Spiel und die Bogenführung. Weiter gibt Muffat genaueste Erläuterungen zu Tempo und Takt.

Um 1699 schrieb Muffat ein Unterrichtswerk mit der Zielsetzung nieder, eine gründliche Ausbildung im Generalbassspiel zu leisten. „Aufmunterung und Bezierung der langweiligen Consonanzen", diese Überschrift eines Lehrbeispieles aus den Regulae Concentuum Partiturae könnte zu-

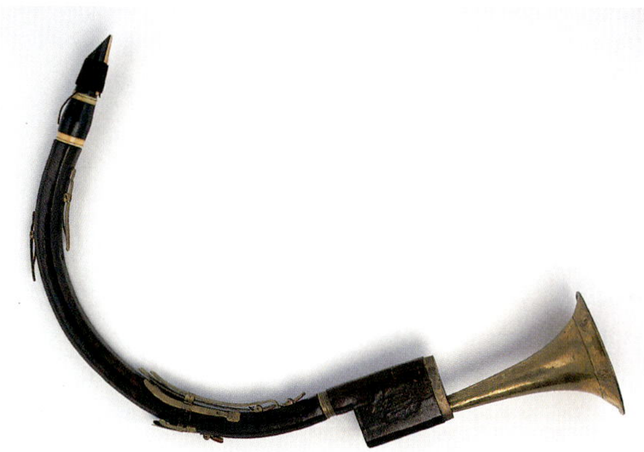

Alte Musikinstrumente: Serpent, 18. Jh., in Frankreich erfunden (oben). Bassetthorn um 1760, Erfindung der Passauer Hofmusiker Anton und Michael Mayrhofer

gleich als Motto des ganzen Werkes gelten. Der ins Auge gefasste Schülerkreis kann nicht benannt werden. Die Passauer Domdiskantisten dürften wohl eher in den elementaren Dingen der Musik unterrichtet worden sein, Generalbassspiel war etwas für angehende Organisten. 1701 erscheint in Passau Muffats letztes Werk, die „Auserlesene mit Ernst und Lust gemengte Instrumentalmusik“, wo er erstmals Holzbläser in das Orchester einführt.

Muffats Tod

Muffat stirbt am 23. Februar 1704, seine Grabstelle ist im Domkreuzgang. Hier der Eintrag im Sterbebuch: Muffatt (sic) 23 huius [23. Februar 1704] ist der edl gestrenge, und kunstreiche Herr Georgius Muffat S. Hochfürstlichen Eminenz zu Passau etc. etc. gewester Capellmaister gottseelig verschieden, und bey dem hohen Domb Stifft in den Khreizgang beygelegt worden. R.i.P.

Zur Rezeption Muffats

Am Beispiel Muffats wird deutlich, dass die Rezeption eines Musikers nicht nur von der Qualität seiner Musik abhängig ist: mit Fux und Muffat wurde 1894 das große Sammelwerk der Denkmäler der Tonkunst in Österreich (DTÖ) begonnen. Die nachhaltige Wirkung dieser Edition war jedoch äußerst gering, sie hat heute eher die Züge einer Überführung in ein prächtiges Mausoleum. Muffat wird heute am stärksten in der englischsprachigen Welt zur Kenntnis genommen. In Nordamerika wurde seine Generalbassschule ediert und liegen seine Vorworte in kommentierten englischen Übersetzungen vor.

Muffat wäre für die Alte-Musik-Bewegung noch intensiv zu erforschen. Aber er stellt sich in seiner Ausführlichkeit kompliziert und anspruchsvoll dar: er hat nämlich niedergeschrieben, wie seine Musik zu spielen sei. Aber kein Geiger aus der Joachim-Schule, kein Orchester der Mahler-Strauss-Zeit zeigte sich bereit, wie Elementarschüler nochmals von vorne zu beginnen: ungewohnte Stricharten zu praktizieren, neue Verzierungen zu lernen. So wurden Muffats Florilegia gelegentlich im Schulorchester gepflückt – was nicht immer zu seiner größeren Ehre gereichte.

Dabei hatte Muffat mit der Anlage der Vorreden und Spielanweisungen in vier Sprachen alles getan, was einer weiten Verbreitung hätte förderlich sein können; er wollte den Zirkel weit schlagen. Einer weiten Verbreitung von Muffats großer Messe stehen deren Ansprüche an Zeit, Raum und Instrumentarium entgegen. Da kann man mit dem gleichen Aufwand auch moderne zeitgenössische Musik in der Kirche aufführen. Was Muffat sicherlich gefallen würde.

Kostbares Café, Öl, 1978

Edith Rabenstein

Ein Freigeist, der mit Farbe und Formen fabuliert

Der Maler Otto Sammer: 90. Geburtstag und Tod

„Meine Arbeit baut sich nicht verstandesmäßig auf. Ich lasse mich treiben, ich fange an und das Bild macht sich von selber." – „Freie Kunst muss aggressiv sein," – „Es gibt nur zwei Dinge, entweder man schafft aus dem Verstand oder aus dem Gefühl." Otto Sammer, der Maler und Zeichner, schafft aus dem Gefühl. Im März 2004 feierte der große alte Mann der ostbayerischen Kunstszene seinen 90. Geburtstag. Überraschend starb er am 22. Juli. Sein Gefühl war es auch, das ihn auf den bisweilen schwierigen Weg des Künstlerlebens geführt hatte.

In die Wiege gelegt war das den am 16. März 1914 im mittelfränkischen Schwabach geborenen Buben nicht. Während er gerne an die Farbimpressionen seiner Kindheit denkt, erinnert er sich ungerne an den Kunstunterricht. Einmal bekam er sogar die schlechteste Note, weil er das Thema „Kirchweih" fantasievoll abstrakt und nicht konkret umgesetzt hatte … Viel später handelte er als Kunsterzieher ganz anders, weckte die Freude und Lust an der Kunst und dem künstlerischen Tun.

War damals der Weg schon vorgezeichnet, die Welt nicht nur gegenständlich zu sehen?

Geradlinig war sein Weg zur Kunst jedenfalls nicht. Nach dem Umzug der Eltern nach Passau besuchte Sammer die Oberrealschule und machte 1934 das Abitur. Anschließend zum Militär eingezogen, brachten es die Zeitumstände mit sich, dass er über seinen Weg nicht mehr selbst entscheiden konnte und so landete er letzten Endes 1940 in Simbach am Inn am Finanzamt. Dort begann er aus innerem Drang heraus zu malen. Dort begegnete er Karl Josef Nerud, dem Maler, der zu seinem Lehrer wurde, der sein Talent erkannte und ihn ermutigte, seine künstlerische Seite zu leben. Der Anfang war gemacht. Sammer suchte in der Malerei seinen Stil – und die Wiedergabe

Floral,
Öl, 1974

Die Arbeiten Otto Sammers sind Erstveröffentlichungen

der Realität interessierte ihn immer weniger. Er wollte weiter, Anderes.

Wendepunkt Berlin 1947: Prof. Carl Jaspers und der Berliner Kunstkritiker Will Grohmann bestärkten Otto Sammer in die Kunstmetropole zu gehen. Eine der bekanntesten Galerien damals, die Galerie Franz, interessierte sich für seine Arbeiten und präsentierte sie schließlich mehrfach – 1949 sogar in einer Einzelausstellung. Und es gab wieder eine schicksalshafte Begegnung: Professor Bruno Weske, Schüler des Berliner Expressionisten Carl Hofer, der an der Akademie der Bildenden Künste unterrichtete, machte Sammer nicht nur mit der Formenvielfalt und Technik der modernen Malerei vertraut, sondern diskutierte mit ihm seine Arbeiten und ermunterte Otto Sammer immer wieder: „Seien Sie versichert, lieber Sammer, dass Sie auf dem richtigen Weg sind, Ihre Sprache zu finden.“ Aus der Begegnung wurde eine jahrelange Freundschaft. Später beschrieb Otto Sammer, was Bruno Weske für ihn bedeutet:

Seiltänzer, Öl, 1957

„Mit und durch ihn erlebte ich die großen Franzosen, Italiener, die Meister der Brücke und des Bauhauses. Und ich fand den Glauben an die Jungen, Gegenwärtigen. Vom Weg wusste ich nun, aber nicht wie er zu gehen war.“ Die Jungen, die Gegenwärtigen. Die aktuellen Tendenzen hat Sammer immer kritisch verfolgt und diskutiert. Wo immer er auch war, hat er sich mit der Kunst auseinander gesetzt. Die documenta war viele Jahre „ein Pflichttermin, der Freude macht“. Kunst muss sich immer weiter entwickeln, Zeittendenzen aufzeigen, kommentieren. Bis zuletzt war er informiert, diskutierte bei einer Tasse Kaffee – der nachmittägliche Kaffeeplausch ist gepflegte Tradition im Hause Sammer – gerne darüber. Paul Klee und Picasso schätzte er. Dass Hermann Nitsch so in Vergessenheit geraten ist, ärgerte ihn. Dass Joseph Beuys mit dem Kunstgeschwätz aufgeräumt hat, freute ihn. „Ein Kunstwerk muss sich durch sich selbst erklären“, sagte Otto Sammer. Da hielt er es mit Picasso.

Lehrjahre in Frankreich

Wendepunkt Frankreich: Nach dem 2. Weltkrieg war Paris der künstlerische Mittelpunkt der Welt, Treffpunkt der Avantgardisten. Auch Otto Sammer brach 1949 in die Seine-Metropole auf. Einige Monate blieb er dort. Bekanntschaften mit dem Kunsthistoriker Albert Slot und vor allem mit seinem Lehrer Theo Kerg, Bauhaus-Schüler von Paul Klee, prägten seine Auffassung von Kunst. Bohème der 50er Jahre: Im Künstlerlokal „Deux Magots“ in St. Germain de Près wurde heftig diskutiert und gestritten. Bescheiden war das Leben für Otto Sammer damals: ein kleines Zimmer am Gare du Lyon, Obst, Brot und Wein, Überleben durch Schildermalen, Erleben, das in vielen Zeichnungen und Skizzen seinen Niederschlag fand. Kergh war es auch, der Otto Sammer 1952 riet nach Collioure zu gehen, in die „Hostellerie des Templiers“, eine Art Künstlerkolonie, wo einst Pablo Picasso und Georges Braques den Kubismus entwickelten, wo Matisse, Dufy, Maillol und andere lebten und arbeiteten. Und wieder eine schicksalshafte Begegnung: Otto Sammer lernte den Maler André Libion kennen. Der intensive Erfahrungsaustausch beflügelte ihn, viele Zeichnungen entstanden. Nach Collioure waren noch Städte in Südfrankreich sein Ziel. Sammer sog die französische Lebenskunst ein – und schuf viele Aquarelle. Die Eindrücke waren nachhaltig. In einem Aufsatz über die Donauwaldgruppe war 1969 zu lesen: „Was ihm aus diesen Lehrjahren geblieben ist, ist die unbezähmbare Lust der Franzosen, Schweres leicht auszusagen, der ‚Elan vital‘ und das universell Dialektische; das Einbeziehen der Menschen in die bewegte und unbewegte Umwelt.“

Die Mittelmeerwelt hat Otto Sammer nie losgelassen. Ja, er gehört auch in die Tradition der Reisemaler, die immer Block und Stift bei sich haben, um Ideen festzuhalten, spontane Skizzen, Fragmente von Sinneseindrücken. So gibt es u. a. Mappen mit Zyklen aus Sardinien, Sizilien, Norwegen, Frankreich, Österreich, der Schweiz, aber auch der UdSSR und den USA.

Der Zeichner Otto Sammer. Schneller Strich, weitgehende Reduzierung auf wesentliche Li-

Herzog Franz von Bayern (rechts) im Atelier

Otto Sammer bei einer Kunst-Aktion in der Passauer St.-Anna-Kapelle

Tschernobyl, Öl, 30. 4. 1986

nien, geschickte Behandlung der Hintergrundfläche, spielerische Leichtigkeit. Der zeichnerische Gegenstand wird abstrahiert, verknappt auf das Wesentliche und ist doch vom Betrachter sofort erfassbar. In dieser Halbabstraktion hat Otto Sammer eine unverwechselbare Handschrift entwickelt. Sei es, wie er sich selbst porträtiert als markanten Kopf mit Pfeife, sei es, wie er eine Zirkusszene umreißt mit einem Clown in einem großen Rund, sei es, wie er Don Quixote gegen Windmühlen kämpfen oder wie er ein Boot auf dem Neusiedler See treiben lässt. 1963 hat die Albertina Wien, die größte Graphiksammlung der Welt, das Blatt „See" von Otto Sammer in der Kleinen Galerie Wien entdeckt – und angekauft. Sammer war zu Recht immer stolz darauf, wurden doch damals kaum zeitgenössische Künstler in die Sammlung aufgenommen. Er erinnerte sich noch an die Zeremonie des Aufhängens. Der Wiener Kunstkritiker Kristian Sotrifter schrieb: „Da muss ein Bayer kommen, um den Attersee zu zeichnen." Den Ausstellungen in der Galerie Stenzel in München folgten weitere Ausstellungen in Wien.

Der Maler Otto Sammer. Wieder zurück in Simbach begann für ihn eine neue Schaffensphase. Hatte er auf Reisen gezeichnet und aquarelliert, begann er nun Ölbilder zu schaffen. 1951 hatte er drei Ausstellungen in München und nahm erstmals an der „Großen Kunstausstellung" in München teil. Der Formbestand der Reisezeichnungen und Aquarelle mündete jetzt – zusammen mit den Erinnerungen – in großformatigen Ölbildern. Von nun an ist er beides: Zeichner und Maler.

Seit 1956 in Passau

Und sein Lebensweg nahm auch eine andere Wende: 1954 lernte er die Schauspielerin Helga Ibounig kennen und lieben, eine gebürtige Klagenfurterin, die am Theater in Simbach engagiert war. Aus den beiden wurde ein Paar. Das Ehepaar liebte vor allem Reisen, Opernbesuche in Wien und Bayreuth, gesellschaftliche Verpflichtungen und stets die Auseinandersetzung mit den aktuellen Tendenzen der Kunst in aller Welt. 1956 zog Otto Sammer als freischaffender Maler nach Passau-Hacklberg, in ein Haus, das ihm sein Vater vermacht hatte. „Es war gut, dass ich das Haus nicht eher bekam, ich hätte es sicher verblitzt", meinte er später. Malerweg heißt das enge, einspurige Weglein, das erst Mitte der 80er Jahre elektrifiziert und geteert wurde, schon seit 1964. Mehrere Ateliers hat Sammer hier, ein über Jahre fleißig Schaffender. Häufig arbeitete er an mehreren Bildern gleichzeitig, wechselte die Ateliers. Als der amerikanische Galerist Dr. Manuel M. Cabral, der 1971 nach Passau-Hacklberg zu ihm kam, schwärmte in einem Brief, „Sammer has one of the most elaborate modern ateliers". Das dürfte auch jetzt noch gelten. Ateliers, die heute Werke aus allen Schaffensphasen aufweisen. Fragmente eines Lebens aus künstlerischer Fülle.

Ein Rundgang durch seine Ateliers zeigt die künstlerische Schöpferkraft. Es sind assoziative Bilder, nie drängt Sammer dem Betrachter ein Thema auf. Da hängt eine sehr frühe Arbeit von 1948 mit dem Thema „Gartenfest" in dunkler Tonigkeit gehalten, mit dickem Farbauftrag, ein

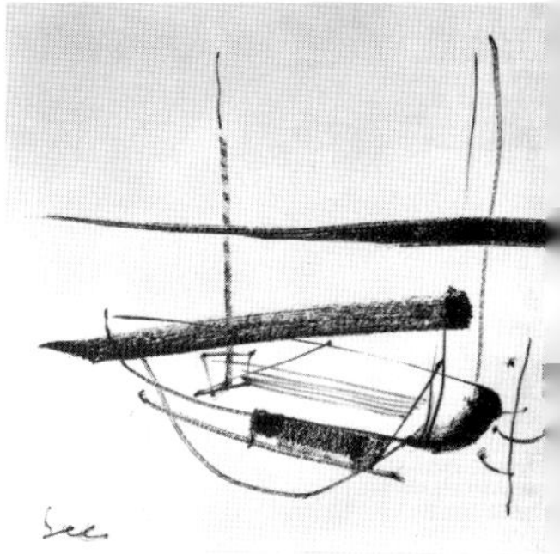

Diese Zeichnung von Otto Sammer hat die Albertina Wien, die größte Graphische Sammlung der Welt, angekauft: Attersee, 1969

Küchenbild, Öl auf Holz, 1980

Garten im Herbst, Farbe mit Blütenstaub, 1988

In Venedig, Öl, 1978

Mensch ist angedeutet, taumelnd, tanzend; viel Bewegung geht von diesem Bild aus. Und wieder eines seines Lieblingsthemen: „Die Schatten des Don Quichote", eine Arbeit auf Seidentapete von 1967. Über seinen Kästen mit Zeichenuntensilien hängt der „Ätna", eine flächige Arbeit aus den siebziger Jahren, erdige Töne, dazwischen leuchtendes Gelb, lasierte Körner und Sand, eine unebene flächige Struktur zeichnet diese Komposition aus. Immer wieder gibt es Blumenbilder: eine Blume schält sich aus goldfarbenem Grund, eine Gartenlandschaft mit Naturalien aus der Natur: Körner, Samen, Blätter vom Silberstrauch. Otto Sammer spielt gerne mit Materialien. In seinen „Küchenbildern" hat er Brettln aus der Küche als Malgrundlage und Formprinzip verwendet. Eine zeitlang arbeitet er mit Glasstücken, die er als Material auf seinen Bildern als Kompositionsmittel auf Leinwand einsetzt. Eindrucksvoll auch sein Bild nach der Tschernobylkatastrophe 1986: Ein Stilleben des Todes mit Zweigen, Blättern und Sand. „Im Grunde ist alles Natur. Man kann die Natur nicht ausschalten", meinte er. Das ist vielleicht auch der Grund, warum Otto Sammer immer wieder Fundstücke aus der Natur, aber auch aus dem Alltag verwendet. Als Malgrund dienen ihm nicht nur Leinwand und Papier, sondern auch Speisekarte, Serviette, Packpapier, Glas, Holzbretteln.

„Ich staune heute noch, was ich alles gemacht habe", sagte er beim Rundgang durch seine Ateliers. Er hat immer viel experimentiert, mit Farben, Formen und Materialien. Dies entspricht auch seiner intuitiven Malweise. Und doch lassen sich Schaffensphasen ausmachen: Die geometrisch angelegten Fantasien in den fünfziger Jahren, die expressiven Experimente und Kollagen der 60er und 70er Jahre, die meditativen, von dunkleren Farbakkorden getragenen Arbeiten der 80er und 90er Jahre. Bestimmte Themen tauchen immer wieder auf: Natur, Landschaft, Don Quichote, Horizonte.

Nicht zufällig ist das Kaffeehaus künstlerisches Sujet geworden. Einer der Lieblingsplätze in Passau, wo man ihn häufig antraf, war das Café Hoft in der Ludwigstraße, wo er Zeitung las und das vormittägliche Treiben beobachtete, meist adrett gekleidet mit Strohhut, nie modisch. Das Diktat der Mode regte ihn im Privatleben ebenso stark auf wie in der Kunst. Unterworfen hat er sich da und dort nie. Ein Bild zu diesem Thema hat er geschaffen, ein Sarkasmus, eine Karikatur mit Linien und Farben. So hat er auch nie auf den Publikumsgeschmack geachtet, wohlwissend, „dass alles Neue zunächst auf Widerstand stößt. Das Gewohnte findet immer sein Publikum." So wunderte es ihn auch nicht, dass er 1957 überall seine Bilder verkauft hat – nur nicht in Passau. Aber das ist wohl das Schicksal der Propheten im eigenen Lande. Nach Ausstellungen in München, Berlin, Agrigent, Sizilien, Düsseldorf, Trondheim folgte dann auch Passau. Und schon bald gab es keinen Ausstellungsort in der Dreiflüssestadt und der Region, wo Sammer nicht zu sehen war. Regelmäßig erschienen Impressionen der Dreiflüssestadt in der Passauer Neuen Presse. Otto Sammer wurde ein Markenzeichen – umso mehr nach seiner Ausstellung in Amerika in den Dubinn-

Manning Galleries in Philadelphia und New York 1971 und 1976. In Amerika wurden nicht nur Arbeiten verkauft, sondern auch ein dreisprachiger Kalender mit Mal- und Zeichenmotiven bei Reynold Publishers New York gedruckt, Kunstkarten vertrieben. Otto Sammer gestaltete auch ein Titelblatt für ein Konzert von Peter Zengin. Gern gesehener Gesprächspartner war er auch viele Jahre bei Herzog Franz von Bayern. Er hat Otto Sammer zweimal im Atelier besucht und der Künstler war mehrmals im Nymphenburger Schloss bei den Herrenabenden des Herzogs.

Natürlich blieb es nicht aus, dass Otto Sammer seine neue Heimat Passau als Sujet entdeckte – und die Passauer waren und sind geradezu wild auf seine Zeichnungen. Oft sah man den Maler irgendwo sitzen, eine Stimmung einfangend, Assoziationen zur Dreiflüssestadt. Auch wenige großformatige Ölbilder gibt es zu diesem Thema. Viele Passauer werden sich daran erinnern, dass Otto Sammmer jahrelang bei den Europäischen Wochen in der ersten Reihe sass, mit Stift und Zeichenblock. Er porträtierte Künstler: Yehudi Menuhin, Golo Mann, Wolfgang Sawallisch, Sylvia Geszty, Hermann Prey, Birgit Nilsson, Carlos Montoya, Annabelle Bernard, die ihn sogar in ihrem Atelier besuchte, um nur einige zu nennen. Diese Künstlerporträts, zu denen auch ein Buch erschien, offenbaren Sammers Ausnahmetalent als Zeichner. Auch andere Persönlichkeiten ließen sich von ihm porträtieren. Er arbeitete das Wesentliche eines Charakters heraus, „schöne" oder „geschönte" Porträts gibt es aus seiner Hand nicht. Seine Vielseitigkeit bewies Otto Sammer immer wieder: So schuf er 1960 in der Berufsschule Passau das Wandbild „Passauer Impressionen", 1962 für die Europäischen Wochen das Bühnenbild zu Richard Billingers Drama „Die Hexe von Passau", 1964 die Kreuzweg-Glasfenster in der Kirche St. Konrad in Hacklberg. Im Auftrag der Handwerkskammer schuf er große Städtebilder in Öl, u. a. von Regensburg, Passau, Deggendorf, Straubing, die in Ausbildungszentren in Niederbayern hängen.

Kunstvermittlung

Nebentätigkeiten blieben nicht aus: Otto Sammer unterrichtete am Gymnasium Niedernburg Kunst. Und Otto Sammer hat sich wohl an seinen demotivierenden Kunstunterricht erinnert. Die Verfasserin dieses Essays erinnert sich noch sehr genau an die Stunden in Niedernburg, die für die Schülerinnen ein Ereignis waren. Otto Sammer vermittelte Kunstgeschichte spielerisch und künstlerische Techniken locker. Man konnte sich ausprobieren. Kunst war mit Freude verbunden. Eine andere Tätigkeit waren die – sehr gefragten – Malkurse und Kurse für künstlerisches Schaffen in der Volkshochschule Passau von 1956 bis 1984. Abgelöst wurde diese Tätigkeit von einem privaten Malkreis, den Sammer 1984 gründete und der in einer großen gemeinsamen Ausstellung 1986 gipfelte.

Preise blieben ebenso wenig aus: das Bundesverdienstkreuz, der Bayerische Verdienstorden, der Ostbayerische Kulturpreis, der Kulturelle Ehrenbrief der Stadt Passau, im Ausland Auszeichnun-

Café,
Öl, 1968

Venedig,
Öl, Anfang der 90er Jahre

Ehefrau Helga Sammer

Otto Sammer in seinem Atelier

gen beim 16e Festival Internationale de la Peinture, Cagnes-sur-mer, und der Premio Agrigento di pittura per artisti stranieri. Sammers Arbeiten hängen u. a. in den Bayerischen Staatsgemäldesammlungen München, in der Staatlichen Graphischen Sammlung München, in der Albertina Wien, in der Neuen Galerie der Stadt Linz, im Städtischen Museum Regensburg, im Museo Civico Agrigento, Sizilien, in der Jüdischen Kultusgemeinde Philadelphia/USA, im Oberhaus Museum Passau, in der Sammlung Dr. Manuel Cabral New York/USA, in der Sammlung Renée Pos, Collioure/Südfrankreich, im Konsulat der Bundesrepublik Salzburg/Österreich, im Spanischen Generalkonsulat Iouglouse/Frankreich.

Donauwaldgruppe

Otto Sammer war Individualist durch und durch, ein Freigeist, der sich keiner künstlerischen Richtung verpflichtet fühlte. Und doch schloss er sich in den frühen Jahren Künstlergemeinschaften an, so ist er seit 1945 Mitglied beim Berufsverband Bildender Künstler Niederbayerns und beteiligte sich in den Anfangsjahren an Gemeinschaftsausstellungen. Von 1950 bis 1957 gehörte er der Burghauser Künstlervereinigung „Die Burg" an. 1948 schloss er sich der Donauwaldgruppe an, der Reinhold Köppel, Georg Philipp Wörlen, Oskar Matulla, Heinz Theuerjahr, Wolf Hirtreiter, Wilhelm Niedermayer, Franz Dressler, Hermann Erbe-Vogel, Josef Karl Nerud und Walter H. Mauder angehörten. Otto Sammer gilt als Avantgardist und Experimentierfreudigster der Gruppe. Zum 15. Jubiläum der Donauwaldgruppe 1963 schreibt er: „verschiedene temperamente bemühen sich auf verschiedene weise um farbe und form. alle glauben, alle zweifeln – vielleicht". 1992 hat sich die Donauwaldgruppe aufgelöst. In der Rückschau meint Sammer: „Wenn etwas sich überholt hat, wenn etwas vorbei ist, soll man es beenden." Bei mehr als 120 Ausstellungen in Deutschland, England, Frankreich, Irland, Italien, Japan, Jugoslawien, Neuseeland und Österreich war Sammer dabei.

Vielleicht – ein häufig benutztes Wort des Skeptikers Sammer, der Kunst nicht dogmatisch, nicht als Allheilmittel für die Gesellschaft sieht, sondern um ihre Subjektivität weiß. „Ich freue mich, wenn anderen das gefällt, was ich tue", sagte er. Wohlwissend um die menschliche Seele, um die irdische Vergänglichkeit, um den künstlerischen Impetus, formulierte er sein Credo:

Ich glaube nicht an die Perfektion.
Ich glaube nicht an die verstandesmäßige Konstruktion.
Ich glaube nicht an eine soziale und gesellschaftliche Aufgabe der Kunst.
Ich glaube nicht nicht an die Nachvollziehung einer Kunsttheorie.
Ich glaube schon gar nicht an die brillanten Formulierungen der Kunstgelehrten und -kritiker.
Daran glaube ich: Dass der Mensch ein Fragment ist, folglich nur Fragmente schaffen kann.

Otto Sammer jedenfalls hat bleibende Fragmente geschaffen.

So sah sich Otto Sammer selbst
Zeichnung, 1976

Das Museum Moderner Kunst Passau – Stiftung Wörlen zeigt vom 10. Dezember 2004 bis 23. Januar 2005 eine Gedenkausstellung mit Werken Otto Sammers

Der Dom von Uppsala

Klaus Böldl

Die begehbare Kindheit

Eine Passauer Skizze

Jedesmal, wenn ich für einen Tag nach Passau fahre, was alle paar Monate vorkommt, nehme ich mir fest vor, Aufzeichnungen zu machen. Alles, was mir auf meinen Gängen durch die Stadt begegnet und was nur im entferntesten eine anschauliche Einzelheit in einem irgendwann zu schreibenden Passaubuch ausmachen könnte, soll notiert werden, von den fernblauen Waldhügeln des Bayerwaldes, die man vom Turm der Veste Oberhaus sehen kann, bis zu den Gesten der Menschen in den Cafés; von den Votivbildchen und Dankestafeln im Vorraum der Mariahilfkirche bis hin zum Geschrei der Möwen über der Ortsspitze, das momentweise etwas Fern-Ozeanisches in die Altstadtstimmung mischt; von der Tintenschwärze der Ilz, deren undurchdringliche Finsternis im Erglänzen der Oberfläche in der Mittagssonne umso fühlbarer wird, bis zu den Satzfetzen der Passanten in der Fußgängerzone, die einen oft umso mehr beschäftigen, je unsinniger sie einem in ihrer Zusammenhanglosigkeit erscheinen.

Tatsächlich aber habe ich mich noch nie in Passau entschließen können, mein Notizbuch auch nur aus der Tasche zu holen. Nur ein einziges Mal, an einem leuchtenden Vorfrühlingstag vor kaum zwei Wochen, habe ich immerhin daran gedacht, etwas aufzuschreiben. Es muss ja vielleicht, wie bei einer Erzählung, nur erst einmal ein Anfang gemacht werden, überlegte ich. Man muss nur zu der Unverbildetheit zurückfinden, die einen etwa aufschreiben lässt: Der Himmel ist blau (denn das war der Fall), und das Eis, in dem die Einzelheiten auf so unbeschreibliche Weise eingeschlossen sind, wäre gebrochen, und eines reihte sich folgsam an das andere: Der Himmel ist blau, der Inn fließt rasch dahin, die fernen Wiesenhügel wölben sich auf kunstvolle und zarte Weise, die Mariahilfkirche leuchtet mit ihren beiden Türmen weiß in der Märzsonne, an der Bank am Innkai, wo ich sitze, spazieren schattenlos Leute vorbei, die ihre Mittagspause in der Sonne verbringen. Ein Mann in Hemdsärmeln trägt seine in Alufolie gewickelte Brotzeit vor sich her, augenscheinlich auf der Suche nach einer freien Bank.

Ich blieb aber doch ganz unbeweglich sitzen, gefangen in einer Art vegetativer Schaulust. Jetzt etwas aufzuschreiben hieße, etwas anderes wegzulassen. Sich auf Einzelheiten zu konzentrieren, bedeutete andere auszublenden, bedeutete überhaupt, das Entscheidende aufzugeben, das Ganze. Die Atmosphäre also. Die Aussicht des hemdsärmeligen Mannes, einmal in einem literarischen Werk aufzuscheinen, war offenbar dahin. Die Mariahilfkirche hoch über dem Innufer gegenüber ließ sich in ihrem zeichenhaften Mittagsleuchten nicht beirren. Nicht nur den Vorsatz, möglichst alles Umgebende zu notieren, hatte ich da schon wieder vergessen; ich gab es auch auf, nach beschreiblichen Einzelheiten Ausschau zu halten, und nach Worten dafür. Ich dachte daran, dass ich eine Woche später nach Schweden fliegen würde, und dass, wenn überhaupt, in meiner weltfernen Ferienwohnung am Rand des Naturschutzgebietes Hågadalen ein Aufsatz über Passau gelingen könnte, knapp zweitausend Kilometer von den Einzelheiten entfernt.

Seitdem sind bald zwei Wochen vergangen, und ich befinde mich wirklich in der Wohnung an einem der äußersten Enden von Uppsala. Ich sitze nicht drüben im Wohnzimmer am Schreibtisch, sondern am Küchentisch. Von dort sehe ich auf einen Mischwald hinaus, der gerade im kupfernen Licht der letzten Abendsonne erglüht. Ein breiter Radweg beschreibt einen Bogen durch den Wald, aber nur selten ist das prasselnde Geräusch zu hören, wenn jemand über den feinen Schotter radelt. Etwas weiter weg steht am Wegrand ein kleines rotes Holzhaus mit weißen Fensterrahmen, das den hiesigen Pfadfindern gehört. Begegnet sind mir noch keine. Hinter dem Haus sieht man bruchstückhaft, von den Ästen der Föhren großenteils verdeckt, einen noch ganz fahlen Wiesenhang sich erheben, und dahinter wiederum vergehen grüngraue Waldhügel im Dunst des Vorfrühlingsabends.

Wie Passau ist Uppsala ein Bischofssitz mit einer weithin berühmten Kathedrale, und beide Städte haben im Barock eine Blütezeit erlebt. Von den schwedischen Feldherren, zu deren geistlicher Abwehr man im Dreißigjährigen Krieg das Mariahilf-Bild auf dem Passauer Schulerberg aufgestellt und 1624 dann auch eine Kirche darum erbaut hat, ruhen einige als Streiter für den wahren Glauben im Dom zu Uppsala, darunter auch jener Oxenstierna (»Ochsenstern«), der einem katholischen Kinderreim zufolge kleine Kinder frisst. Zwar weist Uppsala keine Donau auf und auch keinen Inn, aber immerhin eine Ilz, die Fyrisån heißt; zum Frühjahr gehört das Hochwasser hier wie dort. Damit sind die geschichtlichen Zusammenhänge zwischen den beiden Städten allerdings weitgehend erschöpft; unterschiedlichere Orte wie die spröde und strenge Protestantenstadt im mittleren Schweden und das üppige, römische Passau werden sich schwerlich finden lassen.

Wenn es mir hier gelingt, das fern im Süden liegende Passau zu vergegenwärtigen, dann gerade deswegen, weil nichts hier draußen in Hågadalen die Erinnerung aufhält oder durch Ähnlichkeiten auf schiefe Bahnen bringt. Schon so oft bin ich in dieser abgeschiedenen Gegend mit ihren sonnendurchfluteten Mischwaldstücken, mit ihren Felsrücken und ihren trägen Wasserläufen, den vorzeitlichen Gräberfeldern und Runensteinen herumgewandert, dass es mir manchmal fast scheinen will, als ob diese Landschaft mir inzwischen alle meine Erinnerungen abgelauscht und in sich aufgenommen hätte und alle je von mir durchlebten Augenblicke dort in Nadeln, Blätter, Grashalme verwandelt wären. Wenn ich jemals meine Memoiren schreiben wollte, was kaum geschehen dürfte, weil ich meine Erinnerungen für andere Zwecke benötige, so würde ich wahrscheinlich meine ganze verlorene Zeit im Herumwandern in den feuchten Wäldern, auf dem offenen Wiesenland und entlang dem im Hochsommer sich deutlich nach dem Verschwinden von der Landkarte sehnenden Flüßchen Hågaån, wiederfinden.

Meine Geschichte würde beginnen mit den ersten verschwommenen Kindheitsbildern, deren Schauplatz jeweils Passau ist: Da ist ganz am Anfang das gellende Pfeifen des Zuges an den sonst so friedvollen Sommerabenden, das ich fürchte wie sonst nichts in meinem noch so behüteten Leben, weil es mir die ganze Welt zum Einsturz bringt, wenn auch nur für einen quälenden Augenblick.

Vorletzte Woche stand ich lange auf dem Innsteg und konnte kaum den Blick abwenden von den verrosteten, an manchen Stellen von Unkraut überwachsenen Schienen der seit langem aufgelassenen Bahnstrecke nach Hauzenberg. Damals war es mir rätselhaft, warum mich dieser im Grunde traurige Anblick so zufrieden, ja geradezu zuversichtlich stimmte; jetzt kommt es mir so vor, als habe es mit der Gewissheit zu tun, dass kein schrillender Abendzug nach Hauzenberg meine Welt mehr erschüttern wird.

Ein anderes frühes Erinnerungsbild zeigt gar nichts anderes als ein gletschergrünes Wasser, auf dem weiße Sonnenfunken sprühen und das beinahe unnatürlich rasch dahinschießt – wie es der Inn zumindest im Frühling und auf den letzten paar hundert Metern vor seiner Mündung in die Donau wirklich tut. Im Mund dabei jedesmal ein flaschengrüner Geschmack nach Waldmeister. Nachdem ich zu sprechen begonnen hatte, und das soll schon recht früh gewesen sein, verunsicherten mich die Reden der Erwachsenen von der blauen Donau und dem grünen Inn, denn annähernde oder auf Mischungen basierende Farbwerte werden in der Kinderwelt nur ungern akzeptiert.

Dass die Sprache, die mir die Erwachsenen beigebracht hatten, fast immer versagte, wenn es darum ging, die Farbe eines Dinges zu bezeichnen, war mir schon früh aufgegangen, und als mir mein Vater einmal erzählte, die Donau fließe allen Ernstes in ein schwarzes Meer hinein, irgendwo in unkontrollierbarer Ferne, keimte in mir zum ersten Mal der Verdacht auf, man könne mit der Sprache Wirklichkeiten vorspiegeln, die mit dem tatsächlich Sichtbaren nichts zu tun haben.

Einmal stand ich am Küchenfenster und schaute zu, wie von der anderen Seite des Flusses her Wolken aufzogen. Mein Vater hinter mir bemerkte: „Es kommt ein Wetter“. Gerade erst hatte ich

‚Wetter' als das erkannt, was uns draußen umgab: Regen, Sonne, Graulicht; jetzt war es plötzlich nur mehr mit den lautlos am Himmel schwebenden Dingen eins, für die ich mir den Namen ‚Wolke' gemerkt hatte. Als ich nun die Wolken Wetter zu nennen begann, war es den Erwachsenen auch wieder nicht recht. Sie herrschten über den undurchdringlichen Zusammenhang zwischen Dingen und Namen, willkürlich und unüberlegt. Das Dastehen am Fenster war, glaube ich, jeweils mit dem Warten auf Schiffe verbunden. Schwarze und weiße gab es. Die Straße, die Schienen, der Fluss: Linien, Grenzen und Kanten, die wie Wasserzeichen auch ganz anderen, viel späteren Erinnerungen von fernen Plätzen untergelegt sind.

Vor ein paar Jahren kam ich zum ersten Mal nach Haibach zurück, wo ich bis zu meinem vierten Lebensjahr wohnte und meine ersten Eindrücke von der Außenwelt sammelte. Sammelte, aber noch lange nicht ordnete. Ich war gespannt, ob sich meine splitterhaften und oftmals auch wunderlich verzerrten Erinnerungen an die Haibacher Zeit dort noch einmal verwirklichen würden, ob die Landschaft eines Kleinkindes auch von erwachsenen Augen noch erkannt würde. Meine ganze Familie ist dabeigewesen, wir befanden uns auf einem Wochenendausflug aus Anlass der Goldenen Hochzeit meiner Eltern, aber ich bin, kaum waren wir in ‚unserer' Straße angekommen, in einen eigenartigen und sogar ein wenig unheimlichen Schwebezustand geraten, in dem mir alle Familienmitglieder plötzlich viel zu alt und somit seltsam fremd vorkamen. Es war ein Zustand, in dem nicht nur Vergangenheit und Gegenwart, sondern auch Innenwelt und Außenwelt zusammengingen und ununterscheidbar wurden. All die unerlösten Erinnerungssplitter, die in meinem Bewusstsein kreisten wie Teile einer Raumstation um einen Himmelskörper, gingen mit einemmal in einer zusammenhängenden, mit sämtlichen Sinnen aufnehmbaren Welt auf: die weißgetünchte Hauswand mit den (anders als der Inn) unzweifelhaft grünen Fensterläden; die Wäschestangen hinter dem Haus, wo die Mutter hinter immer neuen sich entfaltenden weißen Leinenbahnen verschwand und wieder hervorkam. Der unbestimmte Abgrund vor dem Haus war eine kaum zwei Meter hohe Grasböschung. Ein Steinwurf entfernt die rostigen Schienen der Bahnlinie nach Hauzenberg. Nur der Fluss dahinter war kaum mehr in den Blick zu bekommen; zu hoch und dicht war das Unterholz am Ufer in den vergangenen dreieinhalb Jahrzehnten geworden.

Solche Bilder, Räume und Farben, die auf dem tiefsten Grund der Erinnerung Seite an Seite mit Träumen und Einbildungen verwahrt sind, mit einemmal in der klar umrissenen Tatsächlichkeit eines wolkenlosen Augusttages aufzufinden, ist eine beunruhigende Erfahrung. Alles was man seither erlebt und unwillkürlich als die eigene Geschichte in sich geordnet hat, erscheint zufällig und äußerlich gegenüber der Beharrungskraft der frühesten Wirklichkeit. Man fühlt sich verweht und fremd, wenn man an die Gegenwart denkt. Wenn man an gar nichts denkt, ist die Umgebung auf eine gespenstische Weise eins mit einem selbst.

Von diesem Gefühl der Bodenlosigkeit wurde ich immer stärker übermannt, je länger ich in meiner Kindheit herumging. Zwar wurde der Bestand an Erinnerungen nicht eigentlich größer, wie ich mir erhofft hatte, aber die Straßen und Wege in der Umgebung ‚unseres' Hauses verwandelten sich in ein urvertrautes Muster, in eine von Wäschestangen, Grasböschungen, sonnigen Häuserfronten und tiefen Gebüschen durchwobene Wirklichkeit, die gar nicht durch Erinnerung zu beglaubigt werden brauchte, weil sie einfach vorhanden war und mit den Kategorien des Werdens und des Vergehens gar nichts zu schaffen hatte. Am deutlichsten empfand ich diesen ans Mystische streifenden und schwer in Worte zu kleidenden Zustand, als wir einen Weg entlanggingen, der linkerhand von einem in der Hochsommerhitze müde plätschernden Mühlbach begleitet wurde. Das Knirschen unserer Schritte im Kies, die Lichtfunken auf dem dunklen Wasser, das immer schlaftrunken wirkende Zischen der Blätter im Augustwind; die zankenden Spatzen, die sich alle in einem Busch versammelt hatten; das ewig reglose Himmelsblau hinter den leise schwankenden Laubmassen:

Eine Libelle schwebte über den Weg, dem Wasser entgegen. In all dem schwang, ohne dass von einer Erinnerung die Rede sein konnte, irgendetwas in frühester Vorvergangenheit Erfahrenes mit. Ich wusste, dass ich diesen Weg schon oft gegangen sein muss, und noch früher wahrscheinlich ungezählte Male hier im Kinderwagen entlanggeschoben wurde. Ein Ziel war dem Weg abhanden gekommen.

Es ist schwer, von solchen vor jede Sprache zurückreichenden Dingen zu schreiben, ohne ins Raunen zu geraten oder undeutlich zu werden. Dies wird mir umso mehr bewusst, wenn ich auf den Ostermorgen hinausschaue, der sich nun vor dem Küchenfenster auftut, in strahlenden Farben, obwohl das Gras am Wegrand von vorjährigem Gelb ist und die kahlen weißen Birken noch wie Totengerippe zwischen dem Grün der Föhren und Tannen hervorschimmern. Es ist schwer, weil es um Erfahrungen aus einer Lebensepoche geht, in der die Grenzen zur Außenwelt noch nicht gezogen sind. Adalbert Stifter schreibt in einem autobiographischen Fragment: „Es waren dunkle Flecken in mir. Die Erinnerung sagte mir später, daß es Wälder gewesen sind, die außerhalb mir waren."

Bei meinen Spaziergängen durch Passau habe ich jedesmal sehr deutlich gespürt, dass die Stadt für mich nicht etwa durch die drei Flüsse gegliedert wird, sondern durch meine frühesten Kindheitserfahrungen, daneben auch noch durch einige Ferienaufenthalte bei den Großeltern.

Die Innstadt und überhaupt die Gegenden rechts des Inns erscheinen mir heimischer als die Altstadt oder gar die fernen Straßen an der Ilz, obwohl ich mich im Grunde in Passau überall gleich wenig auskenne, und mein Wissen aus den Erzählungen der Eltern und aus Büchern stammt. Es ist nur so ein Gefühl, wenn ich die Lederergasse mit ihren warmfarbigen, sogar im März schon sommerlich anmutenden Fassaden hinuntergehe bis zum Innsteg und zur Severinskirche, mit diesem

Der Dom von Passau

winzigen Weltausschnitt stärker verwoben zu sein als etwa mit der Bahnhofsstraße oder mit der Donaulände. Aber es ist ein lebhaftes Gefühl, ähnlich dem Beginn einer Geschichte, die darauf dringt, erzählt zu werden.

Da ist die Gärtnerei gleich rechts neben dem Innsteg, da sind die rotbraunen Mauern der Severinskirche mit den Grabinschriften, der noch graue Friedhof, wo eine alte Frau in der Frühlingssonne Blumen auf ein Grab pflanzt, nicht in Erinnerung verloren, sondern mit entschiedenen, ganz dem Diesseits zugehörigen Handgriffen. Über die Grabsteine hinweg kann man auf den druckvoll und glitzernd der Donau entgegenschießenden Inn sehen. Da ist der vom Lindental herabkommende kleine Beiderwiesbach, der sich neben der Gärtnerei in den Inn ergießt. Der Severinsturm mit seinem Walmdach, einen Steinwurf von der Kirche entfernt, der unvermittelt und unbeirrbar in die Gegenwart ragt: Unwillkürlich stellt man sich vor, wie in grauer Vorzeit Menschen langsam Stein auf Stein gefügt haben, um sich vor den unbekannten Gefahren draußen zu verwahren.

Wenn man auf dem Innsteg von Joggern überholt wird, spürt man das leise Schwanken der Brücke. Man stützt sich auf die Brüstung und schaut in die Richtung des Innkais, wo die ehemalige Jesuitenschule und all die anderen barocken Fassaden und Türme sich als flüchtige Farblichter im Fluss wiederholen. Auf der anderen Seite sieht man die Mariahilfkirche auf dem Schulerberg mit ihren durchbrochenen, wie zum Entschweben bereiten Turmhauben. Der Wasserspiegel unter der Brücke ist von blitzenden Strudeln und Stromschnellen zerfurcht, und vage, wie aus einem anderen Leben, erinnert man sich an ein Nachbarskind, das in diesem Fluss ertrunken ist.

All das sehe ich vor mir, wo ich tatsächlich auf den braunen Waldboden des Hågadalen hinunterschaue, über den ein Flimmern von Licht und Schatten hinweggleitet, denn ein frischer Wind fährt durch das Gehölz. Als ich gestern spazierenging, zu dem mächtigen bronzezeitlichen Grabhügel, der sich nicht weit von hier auf einer weiten, mit Granitblöcken übersäten Lichtung erhebt, entdeckte ich am Wegrand, zwischen dem graugelben Vorjahreslaub, die ersten Krokusse, und ein vergilbtes Blatt, das der Wind zwischen den Baumstämmen herumblies, verwandelte sich mit einemmal in einen Zitronenfalter. Wieder einmal kam es mir so vor, als gliche diese Landschaft einem Gehirn, einem ungeheuren sprachlosen Gedächtnis, denn auch bei meinem letzten Besuch in Passau sah ich Krokusse im fahlgelben Vorjahreslaub, am Rand eines der Steige unterhalb der Veste Oberhaus, und wie gestern erschien auch damals im nächsten Moment ein Zitronenfalter zwischen den steingrauen Stämmen. Ich erinnere mich, wie ich den noch völlig kahlen, gerade an dieser Stelle recht steilen Waldhang hinunterschaute auf die Donau, die in der Mittagssonne wie Quecksilber zwischen den Bäumen glänzte. Ich stellte mir vor, wie ich an Ostern in meinem Zimmer am Stadtrand des fernen Uppsala sitzen und mich zurückerinnern würde an diesen Augenblick, und an vorhergehende Augenblicke, an den Ausblick vom Turm der Festung auf die Ortschaften Grubweg und Salzweg und auf die in der feuchten Frühlingssonne verblauenden Hügelketten des Bayerwaldes, auf die Ortsspitze, wo das kahle Gehölz scheinbar von einem Windstoß in die Donau geblasen werden konnte, auf das Rathaus, vor dem auf dem besonnten Platz ein paar fichtennadelgroße Spaziergänger gar keinen Schatten zu werfen schienen. Und als ich langsam von dem Waldhang herabstieg, dem tosenden Verkehrslärm von der Angerstraße entgegen, waren alle diese Einzelheiten für einen Augenblick zu einer stimmigen Einheit wie in einer Schöpfungsgeschichte versammelt.

Uppsala, Ostern 2004

Sutor
St:D. 1875.

Heinrich Bauer

Hochgeschätzter Bürger und begnadeter Künstler

Der Glasmaler Alexander Sutor und sein Schaffen in Ostbayern

König Ludwig I. von Bayern gründete 1827 die Königliche Glasmalerei-Anstalt München. Diese wurde zum Hauptzentrum der Wiederbelebung der Glasmalerei des 19. Jahrhunderts in Bayern. Begünstigt durch zahlreiche Kirchen-, Neu- und Umbauten sowie Restaurierungen und auch die rege Bautätigkeit im Stile des Historismus entstanden in München mehrere Glasmalerei-Institute. Ihre Gründer – Glaser, Kunst- und Porzellanmaler – erwarben ihre Kenntnisse vorwiegend in der Königlichen Glasmalerei-Anstalt und schufen beachtenswerte sakrale und profane Kunstwerke im Bereich der Fenstergestaltungen. Berühmte Kunstmaler und Architekten lieferten die Entwürfe, auch bediente man sich veröffentlichter Vorlagen, Skizzen und Gemälde bekannter und berühmter Maler des Mittelalters. Sehr beliebt waren Vorlagen aus dem Kreis der Nazarener.

Die Münchner Glasmaler, hier vor allem Georg Boos, Kaspar Böhm, Gustav van Treeck, die Mayer'sche Hofkunstanstalt und Hofglasmalerei F. X. Zettler sowie Matthias Schneider, Hofglasmalerei aus Regensburg, waren auch in Passau präsent, denn mit Ausnahme des Glasers und Glasmalers Max Strohmaier in Vilshofen (1821 – 1879) und dessen Sohn Max (1859 – 1897) war in Passau bis 1875 kein Glasmaler ansässig.

***Hohlglasmalerei** ist das Bemalen von Vasen, Gläsern, Pokalen, Krügen, Flaschen usw. mit Glasmalfarben. Sie ist im Kunstgewerbe und bei Designern und Glaskünstlern angesiedelt.*

***Hinterglasmalerei** ist das rückseitige Bemalen von Glasscheiben. Sie wird allgemein als Volkskunst bezeichnet. Die Bilder, überwiegend Heiligen- und Votivbilder, wurden früher besonders in den Wintermonaten in Heimarbeit gefertigt; heute wird diese Glasmalerei vielfach von Freunden der Heimat- und Volkskunde gepflegt.*

*Die **Flachglasmalerei** ist weltweit die bekannteste Kunst, farbloses Glas mit Schmelzfarben zu bemalen und auch mit Stücken farblichen und farblosen Glases ganze Bilder mittels Bleiruten zusammenzusetzen. Die Verwendung besonders dafür hergestellten Glases und die Berücksichtigung des Lichteinfalls beleben die farbliche Wirkung der Malerei.*

Stammes- und Geschlechtswappen der Familie Sutor. Glasgemälde von 1873

Neukirchen v. W. Wallfahrtskirche Geiermühle, Portalfenster – 1879/80

Der Passauer Geschichtsschreiber Dr. Wolfgang Maria Schmid (1867 – 1943) berichtete, dass in Passau bis in das 16. Jahrhundert das Glaserhandwerk nachweisbar ist und auch die Glasmalerei nebenher betrieben wurde. Werke Passauer Glaser aus dieser Zeit sind jedoch nicht bekannt. Von dem Stadtmaler Ruprecht Fueterer wird berichtet, dass er 1453 für die Stadtpfarrkirche Wasserburg Glasgemälde lieferte.

Die Familie Sutor, Passau, Reitgasse 391, heute Theresienstraße 16, übte von 1705 bis 1893 in sechs Generationen das Glaserhandwerk aus. Ob es sich um eine alteingesessene Passauer Familie handelte, ist nicht eindeutig belegbar. Der Heimatforscher Johann Hagn (1871 – 1949), Passau, Stromlänge Nr. 30 1/3, berichtete im Namen des Deutsch-Österreichischen Instituts für Heimat- und Familienkunde, dass diese Familie aus Augsburg stammen dürfte. Dem widerspricht der Tenor „Die Sutor aus Österreich stammend sind eines guten Geschlechts“ im Wappenbrief für Joseph Sutor (1796 – 1865). Es ist nicht bekannt, ob im Betrieb dieser Sutors auch Glasmalereien gefertigt wurden. Wäre dies der Fall gewesen, hätten sich die Sutors neben Hofglaser beziehungsweise bürgerlicher Glasermeister auch Glasmaler nennen dürfen. Erst mit Alexander Sutor rückt Passau in das Blickfeld der Glasmalerei.

Alexander Sutor, geboren am 4. Januar 1845 in Augsburg, gestorben am 14. November 1902 in Passau, war mit der vorgenannten Glaserfamilie eng verwandt. Sein Vater, Josef Franz Sutor, geboren am 27. August 1818 in Passau, Reitgasse 391, ließ sich als Glasermeister in Augsburg nieder, heiratete am 3. Juni 1844 die Augsburgerin Maria Friederike Josepha Mayr, geboren am 23. Mai 1817, und übte als Selbständiger das Glaserhandwerk aus.

Alexander Sutor erlernte das Glaserhandwerk und ging als 15-jähriger Handwerksgehilfe auf Wanderschaft. Unterwegs in Norddeutschland, in der Schweiz und in Italien lenkte er seine Aufmerksamkeit auf die Glasmalerei; von 1867 bis 1874 war er bei der Hofglasmalerei Franz Xaver Zettler in München beschäftigt, wo er sich ganz der Glasmalerei widmete. So konnte er nach der damaligen Handwerksordnung als Glaser auch die Berufsbezeichnung Glasmaler führen.

Er war als Kind, erstmals 1850 und später auch während der Lehrzeit öfters und länger bei seinem Onkel, dem Glasermeister Adolf Sutor (1828 bis 1901) zu Besuch. Nach seiner Lehrzeit hielt er sich noch kurz in Passau auf; sein Onkel vermerkte am 6. Juni 1860 im Tagebuch: „Alexander ist heute abgereist.“ Es ist daher kein Zufall, dass Alexander Sutor 1875 in die Heimatstadt seines Vaters und dessen Vorfahren zurückkehrte und am 1. März 1875 eine Anstalt für kirchliche Glasmalerei gründete. Seine Werkstatt befand sich anfangs in der Innstadt, am 9. Dezember 1878 erwarb er das Anwesen Altstadt 85, jetzt Bräugasse 25, baute dort seinen Betrieb auf und durfte ab 1880 auch das Glasergewerbe ausüben.

Der berufliche Start in Passau dürfte ihm sicherlich nicht zu schwer gefallen sein, denn er kannte

die örtlichen Verhältnisse und konnte auf die Unterstützung seines Onkels Adolf sowie seines Onkels Ludwig Sutor (1831 – 1879) rechnen. Ludwig Sutor, von Beruf Maler, studierte 1856/57 an der kgl. Akademie der Bildenden Künste München und erlernte in der Kgl. Glasmalerei-Anstalt München auch die Glasmalerei. In Passau bestanden nun seit 1875 zwei Unternehmen mit dem Namen Sutor, und zwar die seit 1705 nachweisbare Glaserei in der Theresienstraße 16 und die neue Glasmalerei-Anstalt in der Bräugasse 25.

Am 12. Februar 1881 verehelichte sich Alexander Sutor mit der am 28. November 1861 in Rathsmannsdorf geborenen Anna Weber; und am 19. Februar 1881 erhielt er das Bürgerrecht der Stadt Passau.

Alexander Sutor hat sich in seinen Wanderjahren ein reiches Wissen und Können im Bereich der Glasmalerei angeeignet, und nach wenigen Jahren seiner Selbständigkeit wurden seine Leistungen auf dem Gebiet der kirchlichen Glasmalerei über die Grenzen Passaus hinaus bekannt und hoch geschätzt.

Sein Angebot erstreckte sich auf:
„1. Fenster mit Rauten-Tonglas etc. mit einfacher Bordüre

Herz Mariae, 1896, Pfarrkirche Safferstetten

2. Einfache Tapetenmuster Grau in Grau mit einfacher Bordüre
3. Tapetenfenster in bunten Farben nach geometrischen Zeichnungen mit färbiger Bordüre
4. Tapetenfenster, reich in bunten Farben nach beliebigen ornamentalen Zeichnungen in allen Stylarten, in feinster Durchführung
5. Tapetenfenster mit einer stehenden oder sitzenden Figur in Medaillon
6. Figurenfenster einzelner Figuren mit architektonischer Umgebung (Baldachin und Sockel) je nach Größe und Ausführung
7. Biblische oder historische Darstellungen in Gruppen künstlerisch ausgeführt, je nach Größe
8. Familienwappen in Medaillonform, heraldisch richtig ausgeführt, je nach der einfachen oder komplizierten Form."

Die Passauer Zeitung Nr. 195 vom 18. August 1880 berichtete bereits:
„Passau, 17. Aug. Gestern nahmen wir uns Gelegenheit, dem Atelier für kirchliche Kunstmalerei des Herrn Alexander Sutor, von dessen Leistungen auf obigem Kunstgebiet wir schon viel Gutes gehört hatten, einen Besuch abzustatten und gestehen, daß wir vor dem talentvollen Schaffen auf dem Gebiete der alten kirchlichen Glasmalerei, welche derselbe mit vieljährigem rastlosem Fleiß in München, in der Schweiz und in Italien studierte, alle Achtung bekamen. Wir sahen hier in

Anbetung der Drei Könige, 1896, Pfarrkirche Zeuzleben

Von den 40 großen Schöpfungen aus den Jahren 1875 bis 1880 sind nachweisbar:

1877: *Stadtpfarrkirche Passau-Hals: 2 Ornamentfenster mit Bordüren.*
Die Kirchenverwaltung Hals äußerte sich über diese Fenster am 1. November folgend: „In die hiesige Pfarrkirche wurde aus der neu etablierten Glasmalerei von Hrn. Sutor die Erstlingsarbeit geliefert, indem die beiden Bogenfenster neben dem Hochaltar in farbiger Ornamentik, verschiedenen Stylarten und Bordüren in einer Weise hergestellt wurden, die, sowie sie dieser neu aufblühenden Pflanzstätte der Kunst alle Ehre macht ... J. G. Maurer, Pfarrer, Michael Helmel, Pfleger."
Karpfham: 4 Tapetenfenster
1879: *Bad Höhenstadt: 2 Tapetenfenster, signiert mit 1880 „Alex Sutor's Glasmalerei 1879"*
1879: *Neukirchen v. Wald:*
1880: *Pfarrkirche – 2 Tapetenfenster für das Presbyterium x)*
Wallfahrtskirche Geiermühle – 2 farbige Rundfenster für die Apsis und 1 farbiges Rundfenster über dem Portal x)
1879: *Schöllnach:*
1880: *Pfarrkirche – 2 Fenster für das Presbyterium, 8 Fenster für das Langhaus und 1 Fenster unter der Empore*
Wallfahrtskirche Maria Hilf – 2 Figurenfenster (hl. Maria und hl. Josef x)
1879: *Malching: 3 Tapetenfenster für das Presbyterium 1880*

theilweiser Ausführung die ihm gegenwärtig gewordenen ehrenvollen Aufträge, welche nicht weniger als 13 große ornamentale Kirchenfenster umfassen, von denen einige in ganz rein romanischem und andere im gothischen Styl gehalten sind. Dieselben zeichnen sich besonders durch die brillante Farbengluth der wunderschönen, oft sehr comlizierten Muster aus, welche harmonisch und mit verständnisvollem Schönheitsgefühl zusammengesetzt sind und im Ganzen eine effektvolle Wirkung machen. Zudem wir der durch Herrn Alex. Sutor auch in unserer Stadt gepflogenen Kunst der Glasmalerei einen immer größeren Aufschwung wünschen, constatieren wir mit Vergnügen, daß aus dem genannten Atelier seit seinem kurzen Bestehen bereits über 40 große Schöpfungen hervorgegangen sind, welche sich in verschiedenen niederbayerischen Kirchen befinden, und deren magisch farbenprächtigen Licht von allen Kunstfreunden und Kennern mit der ungetheilsten Anerkennung ausgezeichnet worden ist."

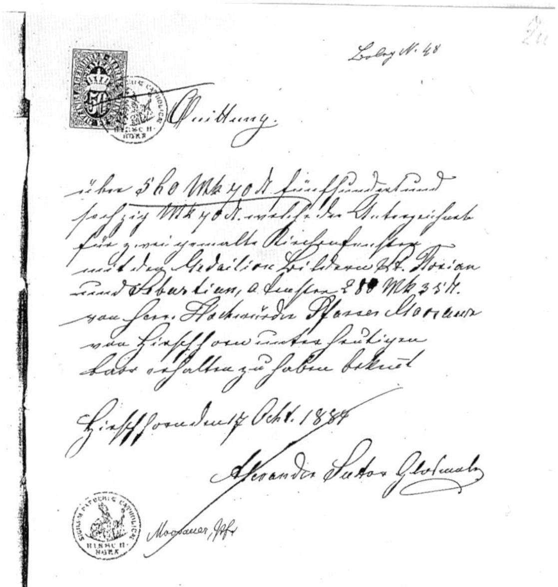

Quittung über 560,70 Mark
für die beiden Kirchenfenster mit den Darstellungen
hll. Florian und Sebastian

Hirchhorn, 17. Oktober 1884
Alexander Sutor Glasmaler

ABP, PfA Hirschhorn KR Belege 1884

Die Donau-Zeitung berichtete in der Ausgabe Nr. 89 vom 14. April 1881:
„Passau, 13. April. Im Interesse der kirchlichen Kunst machen wir das hiesige Publikum auf die beiden Glasgemälde aufmerksam, welche Hr. Glasmaler Sutor von hier im Zeichnungssaal der k. Studienanstalt ausgestellt hat. Die Glasmalereien sind wahre Meisterstücke und zeichnen sich durch vollendete Technik, äußerst fleißige Ausführung, Pracht und Harmonie der Farben aus und erinnern an die besten Leistungen der Blüthezeit im 16. Jahrhundert. Wie wir erfahren, haben die Glasmalereien auch die vollste Anerkennung eines in diesem Fache sehr tüchtigen k. Professor der Kunstgewerbeschule München, der zufällig hier anwesend war, gefunden."

Diese beiden Glasgemälde mit den Darstellungen hl. Margareta Maria Alacocque und hl. Simon Stock waren für die Pfarrkirche in Schnackenwerth bei Würzburg bestimmt. Die Passauer Zeitung vom 14. April 1881 berichtete hierüber noch ausführlicher und erwähnt, dass Sutor bereits 70 ähnliche Kunstwerke in verschiedene Orte lieferte.

Alexander Sutor hat nicht nur Kirchen, sondern auch Privathäuser mit farbenprächtigem Schmuck ausgestattet; Zeugnisse über profane Arbeiten liegen leider nicht vor.

Die Erfassung der gesamten Arbeiten Sutors ist unmöglich, da es keine Unterlagen aus seinem Geschäftsbereich gibt. Man kann sich nur auf Presseberichte, Archivalien kirchlicher Behörden und zum Teil auf Gemeindearchive sowie örtliche Begebenheiten stützen.

Die Donau-Zeitung Nr. 22 vom 28. Januar 1887 würdigte das Schaffen Sutors und schreibt: „Passau, 28. Jan. In einer Zeit, in der man häufig Alles von auswärts Kommende für schöner und besser hält, als es in Wirklichkeit ist, kann man nicht oft genug auf die Leistungen des einheimischen Kunstgewerbes aufmerksam machen. Wir besuchten soeben das Atelier des Hrn. Glasmalers Sutor und bewunderten da zwei in jeder Beziehung prachtvoll ausgeführte Figurenfenster (Paulus und Petri Kettenfeier). Dieselben sind im streng romanischen Style gehalten und nach Kürnach bei Würzburg bestimmt, wohin Hr. Sutor bereits vor zwei Jahren Figurenfenster lieferte. Wie wir erfahren, hat die Anstalt seit der kurzen Zeit ihres Bestehens über 220 Fenster an 45 Kirchen abgeliefert, ein Beweis für die Gediegenheit der Arbeiten. Möge der eifrige und strebsame Künstler in Niederbayern und speziell in der Heimatdiözese dieselbe Anerkennung durch zahlreiche Aufträge finden, die er bisher zumeist in den fränkischen Kreisen und selbst im Auslande erfährt."

Zahlreiche Zeugnisse kirchlicher Verwaltungen über die von Sutor gelieferten Werke liegen vor. Großes Lob erhielt er für die zwischen 1881 und 1890 in die unterfränkischen Orte Bad Neustadt a. d. S., Geldersheim, Kürnach, Schnackenwerth, Werneck und Zeuzleben gelieferten Kirchenfenster.

Nr. 261 Donau-Zeitung Seite 7

Todes-Anzeige.

Gott dem Herrn über Leben und Tod hat es gefallen, unseren innigstgeliebten und unvergeßlichen Gatten, Bruder, Schwager, Onkel und Neffen, den Wohlgebornen

Herrn Alexander Sutor,

Glasmalerei-Anstaltsbesitzer,

ehem. Magistratsrat und ersten Vorsitzenden der Handwerkskammer für Niederbayern in Passau,

nach langem Leiden, wohlvorbereitet durch den mehrmaligen Empfang der hl. Sterbsakramente, im Alter von 57 Jahren 9 Monaten zu sich in die ewige Heimat abzurufen. Um stilles Beileid bittet

Passau, Oetingen, Regensburg, Schwanenkirchen, Lutthurm, den 14. November 1902.

Die tieftrauernde Gattin: **Anna Sutor**
im Namen der übrigen Verwandten.

Das Leichenbegängnis findet am Montag den 17. November früh ½10 Uhr vom Leichenhause aus statt mit darauffolgendem Gottesdienste in der hohen Domkirche. 20116

Todes-Anzeige.

Nach Gottes unerforschlichem Ratschlusse verschied heute nach langem Leiden der hochwohlgeborne Herr

Alexander Sutor,

Glasmalerei-Anstaltsbesitzer in Passau.

Wir verlieren in dem Verstorbenen unseren langjährigen zweiten Vorsitzenden, einen treuen Mitarbeiter, dessen Verdiensten und persönlichen Eigenschaften wir ein dauerndes Andenken bewahren werden.

PASSAU, den 14. November 1902.

Aktiengesellschaft Passavia für Buchdruckerei und Immobilien.
Franz Xaver Strasser, I. Vorsitzender.

Die Handwerkskammer für Niederbayern gibt hiermit Kenntnis von dem gestern erfolgten Ableben ihres ehemaligen I. Vorsitzenden des

Herrn Alexander Sutor,

Glasmalerei-Anstaltsbesitzers in Passau.

Wir betrauern in Herrn Sutor den schmerzlichen Verlust eines treuen Mitarbeiters, der seit dem Bestehen der Kammer als deren Vorsitzender unablässig bemüht war, für die Interessen des Handwerks zu wirken, bis ihn im August laufenden Jahres sein körperliches Leiden zwang, von diesem Amt zurückzutreten.

Passau, 15. November 1902.

Der Vorstand.

20110

Unsere verehrliche Mitgliedschaft setzen wir von dem heute erfolgten Ableben unseres verdienstvollen Vorsitzenden des Aufsichtsrates

Herrn Alexander Sutor,

Glasmalereibesitzer,

geziemend in Kenntnis.

Wir werden demselben als einem eifrigen Förderer unserer genossenschaftlichen Bestrebungen ein ehrendes Andenken bewahren.

Passau, 14. November 1902.

Der Vorstand und Aufsichtsrat
der Passauer Handwerker-Credit-Genossenschaft
e. G. m. b. H.

Todes-Anzeige.

Tieftrauernd setzen wir die verehrlichen Mitglieder des katholischen Männervereines Passau in Kenntnis von dem Ableben des allverehrten I. Vereinsvorstandes

Herrn Alexander Sutor,

welcher nach langem, geduldig ertragenem Leiden und öfterem Empfange der heil. Sterbsakramente heute nachmittag gottergeben verschieden ist.

Zugleich laden wir die verehrlichen Mitglieder zu dem am Montag, den 17. ds. vormittags ½10 Uhr vom Leichenhause aus stattfindenden Leichenbegängnisse mit darauffolgendem Seelengottesdienste in der hohen Domkirche geziemend ein.

Passau, 14. November 1902.

Die Vorstandschaft des kath. Männervereines.

Hartguß-Walzen

Maschinenfabrik Hoffmann & Keller, Aidenbach.

Collie

Solides Mädchen

Näharbeiten

Stickarbeiten

Innstraße 26/II.

Junger Mann,

Geld

Mathias Sagerer, Ranzing.

Schöne Wohnung

Pick, Goldbrunnerhaus.

DonauZeitung Nr. 261
vom 15. November 1902

Todesanzeige vom 15. November 1902

Von den Arbeiten aus den Jahren 1881 bis 1902 sind nachweisbar:

1881: *Wurmnannsquick: 15 Tapetenfenster*
1882: *Birnbach: 2 Figurenfenster (Petrus und Paulus), 1 Tapetenfenster und 5 Fenster mit Bordüren*
Kößlarn: Tapetenfenster für das Presbyterium und Rautenfenster für das Langhaus
1883: *Arnstorf: 4 Fenster*
Dorfbach: 4 Fenster mit Glasgemälde für das Presbyterium (noch vorhanden sind die Darstellungen hl. Maria und hl. Josef)
Tann: 2 gemalte Fenster für das Presbyterium und 10 mattierte Fenster für das Langhaus
1884: *Hirschhorn: 2 Figurenfenster (hl. Florian und. Sebastian x) 2 Grisaillefenster mit farbigen Bordüren x)*
Stepperg: 1 Fenster mit Medaillon (Herz Mariae)
1885: *Malching: 3 Fenster in Sechseckverglasung mit farbigen Umrahmungen*
1886: *Haus i. W.: 11 große und 4 kleine Rautenfenster*
2 Rundfenster mit Blumen- und Blattornamenten x)
Werneck: 2 barocke Figurenfenster (Herz Jesu und Herz Mariae)
8 Fenster mit barocken Randstreifen
1888: *Kellberg: 2 Figurenfenster (hl. Elisabeth und Agnes)*
1889: *Hauzenberg: 2 Tapetenfenster*
Passau-Rathaussaal: 2 Figurenfenster x)
Passau-Innstadt, Apotheke Mariahilf: 2 „schöne Fenster"

Tiefenbach b. Passau: 5 Tapetenfenster
1890: *Asenham: 2 Figurenfenster (Herz Jesu und Herz Mariae) x)*
Bad Höhenstadt: 1 Fenster mit Butzenscheiben und gelben Randstreifen x), 1 kleines farbiges Rundfenster x)
1891: *Arnstorf: 1 Glasgemälde (Heilige Dreifaltigkeit)*
Dorfbach: 6 Fenster mit Schutzgitter
Neukirchen v. W.: 6 Fenster
Passau-Domkirche: 3 große und 3 ovale Fenster in Kathedralglas für das Presbyterium
Tittling: 3 Figurenfenster (hl. Vitus x), hl. Maximilian und hl. Katharina), 16 Kathedralglasfenster mit farbigen Bordüren und 18 Rautenfenster, einfach
Würding: 1 Figurenfenster (Mariae Himmelfahrt) x) und 2 Tapetenfenster x)
1892: *Alkofen: 15 große und 4 kleine Rautenfenster mit farbigen Randstreifen x), 2 Rosetten in buntem Farbglas x) sowie Oratorienfenster in Rautenverglasung x)*
1893: *Ortenburg: 18 Rautenfenster x)*
Passau-Mariahilf: 13 Fenster, teils mit farbigen Bordüren und Medaillons
Perlesreut: 2 Figurenfenster (Verkündigung Mariens und Christi Geburt) x), 1 Tapetenfenster x)
Pocking: 3 Figurenfenster (Tapetenmuster mit den Medaillons hll. Sebastian, Ulrich und Florian x)
1894: *Zwiesel: 18 gemalte Maßwerke, 16 Rauten- und 18 Kathedralglasfenster*

Die Kirchenverwaltung Geldersheim bestätigte am 8. August 1885:
„Aus der Glasmalerei des Herrn Alexander Sutor in Passau sind für das Langschiff der Kirche Geldersheim bei Schweinfurt zwei Fenster hervorgegangen, darstellend die Geburt Christi und die Geburt Mariens, Diese Fenster sind nach jenen in der Auerkirche zu München gefertigt und sind, was Treue der Figuren, Colorit und künstlerisch technische Ausführung anbelangt, wahre Meisterwerke zu nennen. Auch die launenhaftesten Kunstkritiker sind einig in diesem Urtheile …“

Domkapitulär und bischöflicher geistlicher Rath zu Passau, J. B. Reiser, bestätigte in einem Zeugnis vom 12. August 1881:
„Herr Glasmaler Alex. Sutor, dahier, hat für mehrere Kirchen der Diözese Passau gemalte Kirchenfenster zur größten Zufriedenheit hergestellt. Auch für die Kirche von Schnackenwörth bei Würzburg fertigte dieser Meister zwei große Figurenfenster, welche dahier öffentlich ausgestellt waren und allgemeine, wohlverdiente Bewunderung fanden. Herr Sutor liefert Werke, welche an die beste Zeit der Glasmalerei lebhaft erinnern. Fleiss in der Ausführung, Farbengluth usw. sind in den Leistungen des Herrn Sütor ausgezeichnet.“

Auch Bischof Michael von Rampf zeigte großes Interesse an Sutors Arbeiten. Die Donau-Zeitung Nr. 98 vom 29. April 1892 berichtete hierüber:
„Passau, 29. April. Der Hochwürdigste Bischof hat gestern das Atelier des Glasmalereianstaltsbesitzers Hrn. Alex. Sutör in Begleitung der Mitglieder des Domkapitels mit seinem Besuche beehrt, um die von dem hochw. Hern. Domkapitular Loibl für die Pfarrkirche in Schwanenkirchen gestifteten zwei gemalten Fenster zu besichtigen. Seine Bischöflichen Gnaden sprachen sich höchst anerkennend über die herrlichen Glasgemälde aus.“

Alexander Sutor beschäftigte stets mehrere Gehilfen und Mitarbeiter, so z. B. 1892 und 1893 einen Glasmaler und zwei Glaser. Für besonders wertvolle Fenster bezog er von Künstlern der Hofglasmalereien F. X. Zettler und Gustav van Treeck, München, Vorlagen; auch Details, wie Medaillons, Einlagen und figürliche Darstellungen ließ er fertigen und ergänzte sie mit den erforderlichen stilistischen und architektonischen Umrahmungen und Aufbauten. Von Kirchenfenstern aus dem 19. Jahrhundert sind nur noch geringe Bestände vorhanden. Durch natürlichen Verschleiß, Kriegseinwirkungen, sonstigen Schäden und Baumaßnahmen gingen viele Kunstwerke verloren, auch dem Zeitgeschmack wurden viele Werke geopfert. So wurden auch viele Kirchenfenster aus Sutors Atelier entfernt. Die in der vorgenannten Auflistung mit x) bezeichneten Fenster sind noch an Ort und Stelle.

Alexander Sutor war ein hochgeschätzter Bürger der Stadt Passau und engagierte sich neben seinem Beruf in verschiedenen Institutionen und der Stadtverwaltung. Er war u. a. Mitbegründer der Niederbayerischen Volkszeitung, die erstmals am 1. November 1887 erschien, Mitglied der Centrumspartei, Mitglied des Gewerbevereins, ab 1893 Ausschussmitglied, vom 16. Januar 1897

bis 18. Januar 1899 erster Vorstand und dann wiederum Ausschussmitglied. Aufsichtsrat der im Mai 1900 gegründeten Handwerker-Kredit-Genossenschaft, Gründungsmitglied und erster Vorstand der 1900 gegründeten Handwerkskammer für Niederbayern. Im September 1902 trat er aus gesundheitlichen Gründen zurück.
Gründungsmitglied des am 23. Mai 1890 gegründeten Katholischen Männervereins, vorerst zweiter Vorstand, ab Dezember 1890 fortlaufend erster Vorstand. Für diesen Verein, der bis 1900 auf 344 Mitglieder anwuchs, engagierte sich Sutor besonders. Mit zahlreichen Vorträgen bereicherte er die Wochenversammlungen. So berichtete er u. a. am 12. Februar 1892 über die Glasmalerei; über seine im März/April 1895 unternommene Orientreise mit dem Ziel Jerusalem hielt er mehrere Vorträge. Domdekan Weiß sprach ihm hierfür am 23. Januar 1896 den Dank des Vereins aus und überreichte ihm zum Andenken Prof. Dr. Peter Scheggs „Pilgerreise" in zwei Bänden. Aufsichtsratsvorsitzender der Volksbank Passau von 1900 bis 1902, Aufsichtsrat der 1888 gegründeten Passavia-AG, Mitglied der Kommunalverwaltung, ab 1896 Gemeindebevollmächtigter und ab 25. Juli 1898 Magistratsrath.

Alexander Sutor ist im Februar 1902 erkrankt, sein Leiden verschlimmerte sich im Laufe des Jahres zusehends, und am 14. November 1902 ist er verstorben.

Am Montag, den 17. November, wurde er zu Grabe getragen. Ein langer Trauerzug begleitete ihn unter ernsten Weisen der Stadtkapelle I und der Anteilnahme Familienangehöriger, Mitgliedern des Klerus, Magistrats- und Gemeindekollegiums, Vertretern der Handwerkskammer, Handwerker-Kredit-Genossenschaft, Passavia-AG, des Gewerbevereins, Katholischen Männervereins mit Fahne, vielen anderen kath. Vereinen, Angehörigen aller Stände, geistlichen und weltlichen Professoren, Beamten, Bürgerinnen und Bürger. Der Land- und Reichstagsabgeordnete, Domkapitular Dr. Franz Seraph Pichler, ist zum Begräbnis eigens aus Berlin angereist und zelebrierte eine Seelenmesse.

Passau verlor mit Alexander Sutor nicht nur einen begnadeten Künstler, sondern auch einen ehrbaren und geachteten Bürger, der sich große Verdienste um das Wohl von Handwerk und Gewerbe sowie auch im politischen Umfeld erworben hatte. Wenn er auch in Augsburg geboren wurde, so darf man ihn einen „Passauer" nennen. Der Stadtheimatpfleger Franz Mader hat ihn in Anbetracht der großen Verdienste für die Stadt mit Recht unter die „Tausend Passauer" eingereiht.

Die Ehe Alexander und Anna Sutor blieb kinderlos. Die Witwe verkaufte daher im Februar 1903 an den Glasmaler F. X. Kurländer die Glasmalereianstalt.

Seit 14. November 2002 erinnert am Hause Bräugasse 25 eine Gedenktafel an Alexander Sutor und die Gründung der Glasmalereianstalt, auch am Hause Theresienstraße 16 weist eine Gedenktafel auf die alteingesessene Glaserfamilie Sutor hin.

1895: *Ammersdorf: 9 Fenster mit einfacher Malerei*
1896: *Safferstetteh: 2 Figurenfenster (Herz Jesu und Herz Mariae x) 8 Kathedralglasfenster*
Kirchberg v. W.: 4 Tapetenfenster, noch 3 vorhanden
1897: Kastl: 12 Fenster für das Presbyterium und Kirchenschiff x)
Kößlarn: 2 Figurenfenster (Rosenkönigin und hl. Dominikus x)
Passau-Ilzstadt, Stadtpfarrkirche: 3 Kathedralglasfenster
Schönberg: 1 Rosette mit farbigen Ornamenten x)
Windorf: 2 Kathedralglasfenster
1898: *Kastl: 4 Fenster für das Oratorium x)*
Salzweg: 4 Tapetenfenster mit Medaillons (Jesusherz, Marienherz, Jesus- und Mariensymbol) x) und 1 Türoberlichte mit farbigen Ornamenten x)
Sandbach: 1 Kathedralglasfenster neu, 7 gemalte Fensterflügel restauriert
1899: *Herzogsreut: 2 Glasgemälde*
Karpfham: 5 Kathedralglasfenster mit gemalten Rosetten
Kastl: 2 Figurenfenster (hl. Isidor und hl. Notburga x) für die Lourdeskapelle
1900: *Kirchdorf i. W.: 8 Kathedralglasfenster*
Triftern: 2 Tapetenfenster
1901: *Eggersham: 3 Tapetenfenster x) und 1 Rautenfenster x)*
Thyrnau: 2 Glasgemälde für das Presbyterium
Zell: 6 Fenster für das Kirchenschiff
1902: *Gottsdorf: 5 Kathedralglasfenster*

Franz Baumer

Botschaften aus dem „Fressenden Haus“

Siegfried von Vegesack und seine Welt

Wer sich von Regen, der hübschen Kreisstadt am gleichnamigen Fluss, die paar Kilometer gewundener Straße hinauf zur Burgruine Weißenstein begibt, stößt dort auf das gedrungene Bauwerk des alten Torturms, den Siegfried von Vegesack, der heimatlos gewordene Dichter aus dem fernen Livland, 1918 für sich und die Seinen bewohnbar machte. Im alten Gemäuer dieses Turms auf dem Quarzfelsen des Pfahls entstand Vegesacks erster Roman, in dem ebenso humorvoll wie nachdenklich alle Plackereien und Rückschläge geschildert werden, die bei der Instandsetzung und dem Erhalt des neuen Domizils aufzuwenden waren. Schon bald hatte sich nämlich der später zum literarischen Markenzeichen des fremden Vogels aus dem hohen Norden gemauerte „Turm“ als nimmersatte Sparkasse erwiesen, daher der Romantitel „Das fressende Haus“. Diesen Namen trägt auch die mittlerweile zum Museum und Kulturzentrum eingerichtete Wohnstätte des 1974 darin verstorbenen Dichters. Nur einen Steinwurf weit entfernt, bei seinem Lieblingsplatz auf dem Pfahl, wo der Blick über die sanft geschwungenen Höhenzüge des Bayerischen Waldes bis zum Arber, Rachel und Lusen schweift, wurde Vegesack seinem eigenen Wunsch entsprechend bestattet. Ein schlichtes Totenbrett am Stamm einer Kiefer markiert sein Grab. In schwarzen Lettern auf weißem Grund ist darauf zu Lesen: „Siegfried von Vegesack, geb. 20. 3. 1888 in Blumbergshof in Livland, gest. 26. 1. 1974“, und darunter die Verse: „Hier wo ich einst gehütet meine Ziegen/ Will ich vereint mit meinen Hunden liegen./ Hier auf dem Pfahle saß ich oft und gern/ O’ Wanderer schau dich um und lobe Gott den Herrn!“

Der Grabspruch erscheint gleich weniger skurril, denkt man an Vegesacks schwierige frühe Jahre im Bayerischen Wald, als er sich und die Seinen als Kleinstlandwirt durchbringen musste sowie an seine geradezu franziskanische Brüderlichkeit aller Kreatur, insbesondere seinen geliebten „Hundchen“ gegenüber. Mit der Aufstellung eines Totenbretts huldigte er einem Brauch seiner neuen Heimat. Auch an der Kapelle unterhalb der Weißensteiner Burgruine ließ er ein Totenbrett mit einer ergreifenden Elegie auf seinen 1944 in Polen gefallenen ersten Sohn Gotthard anbringen. Steht man vor Vegesacks eigenem Toten-

Siegfried von Vegesack an seinem Schreibtisch im „Turm“ des „Fressenden Hauses“

„Das fressende Haus“, Vegesacks Turm

brett, wird der Dichter besonders für den, der ihn noch persönlich kannte, wieder ganz gegenwärtig. Verbirgt sich hinter seinen Versen nicht sogar ein Quentchen Humor, ein für ihn so typisches Nicht-So-Ernst-Nehmen der eigenen Wichtigkeit, ja des Todes selbst? „Wer weiß, vielleicht sind Leben und Tod ein und dasselbe!“, gibt Vegesack in einem seiner späteren Romane zu bedenken. Und einmal, als er das Sterben eines Eintagskükens beobachtet, zieht er daraus die Lehre: „Die Sache ist im Grunde recht einfach: man lebt – und man stirbt.“

Scharf beobachtender, kritischer Geist

Schon „Das fressende Haus“ legt Zeugnis von der Bindung des Autors an seine Wahlheimat ab. Wer hätte liebevoller als er das Städtchen Regen am „Silberlauf“ des Flusses mit seinem Brückenheiligen, Brunnenrauschen und Glockenschlag geschildert, die alten Läden und den alten Schimmelwirt, die Waldler mit ihrer Festfreudigkeit und kernigen Lebensart? Dabei war Vegesack kein verträumter Idylliker, vielmehr ein scharf beobachtender, kritischer Geist. Das Besondere seines Künstlertums bestand in dem Vermögen, rationale Erkenntnis mit Poesie und der Weisheit eines tiefgründigen Humors zu vereinen. Mit stets offenem Ohr für die Sorgen und Nöte der einfachen Leute beschrieb er das Leben der Waldler, so in der Erzählung „Das Dorf am Pfahl“ den harten Existenzkampf der Weißensteiner Kleinhäusler, die in aufreibender Nebenerwerbsarbeit beim Quarzabbau schufteten – heute ein Dokument sozialgeschichtlicher Erinnerung.

Vegesacks Gedichte, Erzählungen, Romane, Kurzgeschichten, Essays, Reisebücher, Kinderbücher oder frühe Dramen kreisen fast immer um menschliche Grundfragen: um Liebe und Hass, Schuld und Sühne, Zeit und Ewigkeit, Leben und Tod. Selbst eine so heiter dahin plätschernde Erzählung wie der „Spitzpudeldachs“ von 1936 geisselt noch ganz beiläufig den nationalsozialistischen Rassenwahn, wenn der herrenlose, räudige Herumstreuner, den schon sein Name als Vielfachmischling ausweist, immerhin als wertvoll genug erachtet wird, am Ende seines Abenteuerlebens „den Kopf an Gottes Füße“ schmiegen zu dürfen. Hinzu kommt der Zauber von Vegesacks Sprache, die nicht zuletzt aus der kontemplativen Naturverbundenheit des Autors erwuchs, der im Bayerischen Wald einen Widerhall der Wälder, Hochmoore und weiten Himmel seiner verlorenen baltischen Heimat fand. „Man muß sich selbst erst innerlich sehr weiten“, schrieb er über seine ostbayerische Wahlheimat, „um sich in diese Landschaft einzufügen. Wer aber einmal den Rhythmus dieser Wald- und Berglinien aufgenommen hat, dem wird die verhaltene Schönheit dieser unaufdringlichen Landschaft fester ans Herz wachsen als irgendeine andere. Er wird ihr verfallen. Und wem sie zur Heimat wurde, den wird dieser Wald nie mehr verlassen.“ Besonders zugetan war Vegesack auch dem stimmungsvollen Waldheiligtum von St. Hermann bei Bischofsmais. In einem Fernsehfilm, den der Verfasser dieser Zeilen über und mit ihm drehte, erklärte er an Ort und Stelle das althergebrachte „Hirmon-Hopsen“, auf das Max Peinkofer ihn hingewiesen hatte.

Vegesacks Einfühlungsvermögen in Umwelt und Denkungsart der Waldler mag auch damit zu tun gehabt haben, dass er selbst – wenngleich als Gutsherrensohn, dessen Vorfahren im 15. Jahrhundert aus Westfalen nach Reval ausgewandert waren – auf dem Lande aufgewachsen war. Nach einem Geschichtsstudium in Dorpat, Heidelberg, Berlin und München, hatte es ihn, als Livland nach dem Ersten Weltkrieg russifiziert und die Feudalgüter des Adels enteignet wurden, in den Bayerischen Wald verschlagen. „Hier fand ich", so erzählte er, „einen alten Raubritterturm mit Spuk und Gespenstern, der seit vielen Jahren leer stand und deshalb für ein Butterbrot zu haben war. Ich lernte mähen, weidete meine Ziegen, dann sogar eine Kuh und arbeitete im Garten. Und im Winter, wenn es nur Holz zu hacken gab, fing ich an zu schreiben." Das alte Gemäuer der Burg Weißenstein, deren Bauherrn um das Jahr 1100 die Grafen von Bogen waren, aus deren Wappen bekanntlich die weißblauen Rautenfelder in das baierische Staatswappen übergingen, war dem geschichtsbewussten Adeligen geradezu auf den Leib geschnitten. Von seiner privilegierten Herkunft machte er jedoch keinerlei Aufhebens. Darüber darf auch sein Monokel nicht hinwegtäuschen, das er als Sehhilfe trug, seit er bei einer studentischen Mensur in Dorpat sein rechtes Augenlicht verloren hatte. Er sprach davon auch lieber von seinem „Einglas", weil diese Bezeichnung ihn weniger an die vielfach karikierten ostelbischen Monokelträger zu rücken schienen. Als „g'spinnaten Baron" sahen die Einheimischen ihn zu Anfang allerdings schon, hatte er doch auf dem Pfahl auch noch ein mächtiges Windrad errichtet, um damit Strom für das „Fressende Haus" zu erzeugen.

Am Schreibtisch

Bunt gemischt sind die Namen der Künstlerfreunde im Gästebuch des „Turm". Darunter Georg Britting, Werner Bergengruen, Hans Carossa, Erich Mühsam, Ina Seidl, Reinhard Koeppel, Rolf von Hoerschelmann, Max Unold und oftmals Alfred Kubin. Der „Turm" war eine Stätte regen Gedankenaustausches, weit entfernt von provinzieller Enge.

Zeitkritisch-pazifistische Texte mit dem Biss geschliffener Satire

Vegesack, der sich gern, wie er einem Verleger schrieb, „korrigieren", nicht aber „kastrieren" ließ, verfügte, wenn er es für erforderlich hielt, durchaus über die Schärfe eines Kurt Tucholsky oder Erich Kästner. Seine zeitkritisch-pazifistischen Texte der zwanziger Jahre hatten den Biss geschliffener Satire. Sie flatterten vom „Turm" in die Redaktionen des Münchner „Simplicissimus" und der Berliner „Weltbühne". In Münchens „Bonbonnière", einem damaligem Nobelkabarett, erntete er als Leser seiner Texte Beifallsstürme. Immer wieder zog sein „Fernweh" ihn aber auch hinaus in die Weite: ins Tessin, nach Südfrankreich, Dalmatien, Brasilien, Argentinien, Paraguay und Peru, einmal auch zu einem schmerzlichen Wiedersehen in die alte Heimat sowie während des Zweiten Weltkriegs als Dolmetscher nach Russland. Doch immer wieder kehrte er in den Bayerischen Wald zurück. Um Depressionen über die Grausamkeiten der Weltgeschichte, der er einen „grimmigen Humor" attestierte, zu entfliehen, entschwebte er, der das Leben trotz aller Misere glühend liebte, zuweilen auf den Fügeln der Poesie zu glückseligen Inseln. So erträumte er sich „Im Lande der Pygmäen" ein Utopia ewigen Friedens, menschlicher Güte, Gerechtigkeit und Vernunft, ein humanistisches Eldorado, in dem es „keine Uniformen", dafür aber „Liebes-Lauben" und eine „Liebessprache" sowie „Rabatt" für gute Träume gab und nur zeitenthobene „Uhren ohne Zifferblatt". Im heiteren Kleid seines liebenswürdigen „Schnüllermann" wiederum, der im gleichen Jahr 1953 wie das Pygmäenland das literarische Licht der Welt erblickte, verfügt der Autor über eine „Sparbüchse für Zeit", in der er „die Minuten und Sekunden, die er sich erspart, aufbewahrt, die sich dann zu vollen Stunden runden", womit er sich mit der Zeit viel Zeit erspart, so dass er von sich sagen kann: „Hat er auch nicht selten kein Geld, / hat er doch fast immer Zeit. / Und die Zeit ist ja das Klein-Geld / ausgemünzter Ewigkeit!" Oft sang Vegesack sein „Lied des Zeitlosen": „Hab' keinen Kalender und keine Uhr, / keine Zeitung dringt in mein Haus. / Sonne und Mond und Sterne nur / kommen und gehen tagein und tagaus … Weiß nicht, wann und wo ich gelebt, / ob ich einst war – oder noch bin? / Unter tanzenden Sternen schwebt – / schwebt und schwindet mein Leben dahin." Noch im Ticken einer einfachen Kukkucksuhr ist es zu vernehmen: „Sie läuft und läuft am Schnürchen,/ am Schnürchen läuft die Zeit./ Der Kuckuck stößt sein Türchen/ weit auf und schreit und schreit … Es rennt der Pendel tucktuck,/ es rinnt die Ewigkeit …/ 'Zum Kuckuck!' ruft der Kuckuck,/ 'Zum Kuckuck mit der Zeit!'" Solch lächelnde Daseinsbewältigung beruhte auf einer Philosophie, die von der meditativen Besinnlichkeit der Wälder mit genährt wurde. „Hier spürst du", schrieb Vegesack einmal, „umwittert vom Spuk, noch einen Hauch der Urzeit, den Atem natürlichen Bodens. Wenn deine Seele krank ist, dann verbirg dich, wie ein verwundetes Tier, in den Wäldern: sie werden dich heilen." Es sind „die Wälder Adalbert Stifters", der neben Jean Paul zu Vegesacks „Turmheiligen" zählte.

Unter den Zeitgenossen schätzte Vegesack Alfred Kubin, mit dem er einmal einen ganzen Sommer lang den Bayerischen- und den Böhmerwald durchwanderte, besonders hoch. In ihm, der in der Bilderwelt seiner Zeichnungen und dem Roman „Die andere Seite" das Abgründige und Dämonische unseres Lebens beschwor und wie Kafka kommende Schrecken der Wirklichkeit vorwegnahm, erkannte er vor allem den Künstler, „der mehr und tiefer sieht als wir alle", weil er „so unmittelbar aus dem Elementaren, Unbewußten schöpft" wie kaum ein anderer. Etwas von diesem Schaffensdrang des „Sehers" aus den Tiefen des Unbewußten-Elementaren heraus sah Vegesack, der selbst sehr sensibel für das hinter der „sogenannten Wirklichkeit" liegende geistige Fluidum war, auch in den Prophezeiungen des Mühl-Hiasl, den er, streng an den überlieferten Quellen orientiert, in der Erzählung „Der Wald-

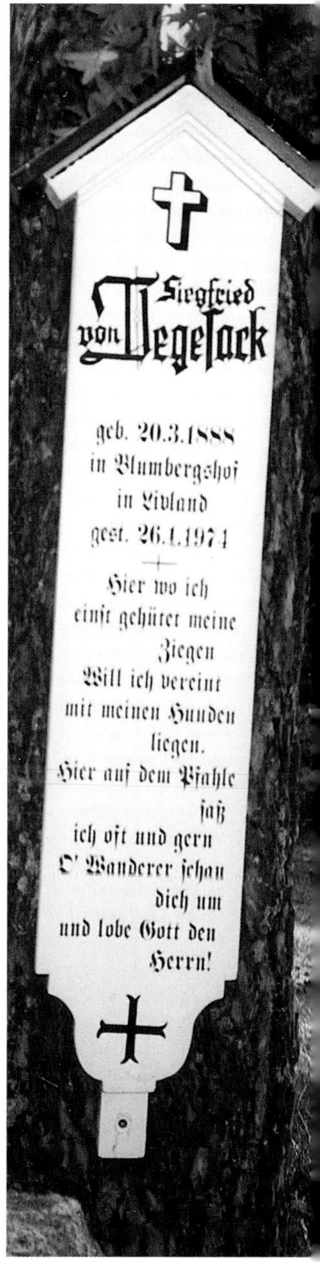

Vegesacks Grabstätte auf dem Pfahl

prophet“ packend beschrieb. Und dabei entdecken wir etwas recht Merkwürdiges: Fast zur gleichen Zeit als der bayerische Waldprophet voraussagt, dass einmal „d’Wägen ohne Ross und Deichsel fahrn“ werden, „so schnell, dass kein Ross und kein Hund mitlaufen kann“ und „d’Leut wie die Vögel in der Luft fliegen“, sieht Jean Paul in seiner „Sylphesterphantasie“ von 1799/1800 „Flotten von Luftschiffen über die Erde ziehen“ und eine Zeit herannahen, „in der die Flora und Fauna des Mondes so gut bearbeitet ist als die Länderkunde des Abendsterns“. Welch geistige Ströme fließen da offensichtlich zwischen dem Bayerischen Wald und dem Fichtelgebirge, dem Mühl-Hiasl und dem „Weisen aus Wunsiedel“, den schon Vegesacks Urgroßvater, der Freiherr Christoph von Campenhausen, hoch verehrte. Dieser Grandseigneur aus der mütterlichen Linie, dem Vegesack unter allen seinen Vorfahren die größte Sympathie entgegenbrachte, war, wie der Urenkel berichtet, ein „Fremdling auf dieser Erde“, ein Musensohn, der während der Napoleonischen Kriege auf seinem livländischen Gut Orellen einen „Friedenstempel“ errichtete und „mehr als alles“ Musik und Dichtung liebte. Wir lesen das in der 1960 erschienenen Familienchronik „Vorfahren und Nachkommen“, einem kulturhistorischen Gemälde, das den Bogen vom Nordischen bis zum Ersten Weltkrieg spannt. Pietismus, Aufklärung, Französische Revolution, Napoleon, die Freiheitskriege, die Zeit des Biedermeier sowie die des aufkommenden Nationalismus spiegeln sich darin in fünf Generationen wider, mit Beethoven, Goethe und Jean Paul als musische Leitsterne. Welch eindrucksvolle Ahnenreihe der so bescheiden lebende Bewohner des „Fressenden Hauses“ aufzuweisen hatte, zeigt auch sein Ur-Ur-Großvater Balthasar Freiherr von Campenhausen. Dieser Vorfahre war Trabant des Schwedenkönigs Karls des Zwölften gewesen, trat dann in den Dienst Peters des Großen und gehörte zum Freundeskreis des Grafen Zinzendorf, dessen fromme Herrnhuter-Brüdergemeinde er nach Livland brachte. Geprägt von solchem Erbe wurde Vegesack zum Kosmopoliten und Vorkämpfer für ein geeintes Europa. Schon 1926 hatte er am Paneuropa-Kongress des Grafen Coudenhove-Kalergi in Wien teilgenommen, und vier Jahrzehnte später forderte er: „Statt der unwiederbringlich verlorenen Vergangenheit nachzutrauern, sollten wir Heimatvertriebenen den Blick vorwärts, in die Zukunft richten“ und „tatkräftig am Aufbau eines geeinten Europa arbeiten“. Es waren stets Botschaften eines mutigen Humanismus, die vom „Turm“ herab ausgesendet wurden. In seinem 1934 erschienenen Hauptwerk „Die Baltische Tragödie“ hatte der Dichter aus der unheilvollen Geschichte des Baltikums und dem ständigen Ringen zwischen Ost und West bereits den Weg zu einem neuen, europäisch und welthistorisch orientierten Denken gewiesen. Die großartige Romantrilogie ist die Frucht seiner Erinnerungen an die verlorene Heimat, zu deren Niederschrift Alfred Kubin ihn ermuntert hatte.

Ein Brückenbauer zwischen den Völkern

Im März 1933 musste Vegesack sein „Fressendes Haus“ für einige Tage mit dem Gefängnis in Regen vertauschen. Er hatte die Hakenkreuzfahne, die von einer „Horde von braunen Uniformen“ auf dem „Turm“ gehisst worden war, wieder herunterholen lassen! In der Zelle schrieb er nun, „ungestört in aller Ruhe“, wie er lakonisch bemerkte, den Roman „Blumbergshof“, die „Geschichte einer Kindheit“ zu Ende. Dieses Buch gehört mit zum Stoffkreis der „Baltischen Tragödie“, die 1957 mit dem Roman „Der letzte Akt“ ihren Abschluss fand. In diesem ergreifenden Dokument eines Stückes vergessener europäischer Kulturgeschichte wird das Schicksal deutsch-baltischer Herrengeschlechter von 1890 bis zum Exitus der Baltendeutschen nach Beginn des Zweiten Weltkriegs geschildert. Dabei bricht Vegesack, der Verächter jeglicher Diktatur, dem die Bolschewisten 1919 sogar einen seiner Brüder ermordet hatten, nie den Stab über den russischen Menschen. Er sah sich immer als Brückenbauer zwischen den Völkern, auch in seiner Arbeit als Übersetzer russischer Literatur (Gogol, Ljesskow, Turgenjew, Nabokow). Was er mit seinen Büchern wollte, war „auf den Leser einwirken, ihn aufrütteln, oder ihm einen Trost geben, irgendwie helfen – vor allem der Wahrheit“. In ihrem Dienst steht auch die mitreissende Erzählung „Das Weltgericht von Pisa“, die am Beispiel der mittelalterlichen Tyrannenherrschaft des Ugolino della Gherardesca im Rückblick auf die untergegangene Hitler-Diktatur das zeitlose Problem von Schuld und Sühne aufrollt.

„Ich müsste vier Hände haben, um alles niederzuschreiben!“, gesteht der fast Achtzigjährige in einem Brief aus Argentinien. Noch einmal hatte Vegesack die Schiffsreise über den Pazifik gewagt, um unter dem Kreuz des Südens Rückschau und Zwiesprache mit sich selber zu halten. „Die Überfahrt“ betitelte er bedeutungsvoll seinen letzten Roman. „Das fressende Haus“ war der Anfang, zog er Bilanz, „Die Überfahrt“ das Ende, „und dazwischen liegt alles, was ich erlebt habe und zu gestalten versuchte“.

Eines seiner schönsten Gedichte beginnt mit den Versen „Wolken, Wind und Wälder weit,/ Heimat ohne Grenzen./ Rund wölbt sich die Ewigkeit,/ wenn die Sterne glänzen.“ Mit dieser Wortmusik weitet Siegfried von Vegesack sein Heimatgefühl bis ins Raum- und Zeitlose hinein, bis in ein magisches Reich der Unendlichkeit, in dem unüberhörbar auch die Atmosphäre des Bayerischen Waldes mitschwingt. Ihm, dem Bayerischen Wald, fühlte sich der Dichter aus dem fernen Livland so eng verbunden, um vom Pfahl aus eine Brücke bis in die Weiten des Kosmos schlagen zu können, so, wenn er in einem anderen Gedicht den Quarzkristall „In seligem Erinnern / an das bestirnte All“ aus dem „Felseninnern“ herausdrängen lässt, machtvoll, „als wenn ihn Sterne riefen“.

Ludwig Schmidseder mit Susi Nicoletti in:
„Kleiner Schwindel am Wolfgangsee"

Edith Rabenstein

Er trank den Wein nicht gern allein

Zum 100. Geburtstag des Passauer Komponisten und Schauspielers Ludwig Schmidseder

Johannes Heesters, Peter Kraus, Elfie Mayerhofer, Rosita Serrano, Margit Schramm sangen seine Lieder: Ludwig Schmidseder, Komponist der leichten Muse, dessen Lieder immer noch gespielt und gesungen werden, dessen Name aber fast vergessen ist, wurde vor 100 Jahren geboren. Rund 500 Lieder hat er komponiert, von denen manche in 30 Sprachen übersetzt wurden, 34 Filmmusiken und 16 Operetten; Schmidseder war ein gebürtiger Passauer, den es in die Welt hinaustrieb.

Am 24. August 1904 wurde er als ältester Sohn einer Passauer Kaufmannsfamilie in der Wittgasse geboren. Schon als kleiner Junge lernte er Klavier, ergriff aber zunächst – auf Wunsch des Vaters – einen bürgerlichen Beruf und wurde Bankangestellter bei der Bayerischen Vereinsbank in Passau. In einer BR-Sendung zu seinem sechzigsten Geburtstag erzählte er, wie er als Kind erstmals mit seinem Vater eine Blas- und Standmusik besuchte und für sich beschloss, Musiker zu werden. Nach dem Tod seines Vaters habe er „dem Drang nachgegeben, in die Welt zu ziehen", erinnerte er sich. In Hamburg bestieg er einen Dampfer: „Ich war nicht wählerisch, vertraute meinem guten Stern." Dieser Stern führte ihn nach Rio de Janeiro, sein Weg war der eines musikalischen Weltenbummlers. „Mit Geschirrspülen verdiente ich mir ein paar Cents, avancierte bald zum Kellner und wurde schließlich Alleinunterhalter." Außerdem gründete er ein Künstlertrio, für das er komponierte und mit dem er auf Ozeanschiffen auftrat. Die Liebe zum Tango sollte ein Leben lang anhalten. Die Zeit in Brasilien bezeichnete er später als die „Zeit, in der ich 1000 Melodien fand".

1930 kam er nach Deutschland zurück, 26 Jahre alt war er damals und wusste, „mein Weg ist die Musik". Passau hat er hinter sich gelassen. Der Puls der Unterhaltungsmusik schlug in Berlin. Dort arbeitete er zunächst als Barpianist und Komponist. Seine ersten großen Erfolge waren die Lieder „Habanera" und „Gitarren, spielt auf" sowie Filmmusiken, u. a. für einen Werbefilm für die Olympischen Spiele 1936. 1937 schaffte er in Leipzig den Sprung auf die Operettenbühne mit

Musiker, Komponist, Schauspieler und Fernsehkoch: Ludwig Schmidseder

Die Fotos zu Schmidseder sind Erstveröffentlichungen

Filmszene aus: „Auf der Alm, da gibt's koa Sünd'"

„Heimkehr nach Mittenwald", das einzige Werk, das auch in Passau aufgeführt wurde. Die Tenorarie „Liebe kleine Geige" – sein Lieblingslied – gehört noch heute zum gängigen Repertoire.

1939 wurde Ludwig Schmidseder als „Hauskomponist" für das Berliner Metropoltheater verpflichtet. Seine Operette „Du oder keine" wurde mehr als 600 mal allein in Berlin gespielt; mit „Walzerkönigin" und „Melodie der Nacht" konnte er seinen steilen Erfolg wiederholen, die Berliner Kritiker schwärmten von „dem einfallsreichen Komponisten, der zugunsten des musikalischen Melodienreichtums auf modische Arrangements verzichtet".

Seine Operetten standen ganz in der Tradition der Berliner Revueoperette. Sein musikalischer Kosmos bei den Liedern wurden von Wiener Walzer, Tango, Foxtrott und Schunkelrhythmen bestimmt.

Ludwig Schmidseder zog sich – auch aus politischen Gründen – nach Österreich zurück, lebte in Gmunden und Wien, seine Operetten und Lieder wurden „wienerisch“. Der Neubeginn nach dem Krieg glückte nur teilweise, an die großen Erfolge in Berlin konnte er allerdings nicht mehr anknüpfen. Zur Aufführung kamen die Operetten „Linzer Torte“ (1944 in Linz), „Glück in Monte Carlo“ (1947 in Salzburg) „Walzerkönigin“ (1948 in Wien), „Abschiedswalzer“ (1949 in Wien), „Mädel aus der Wachau“ (1951 in Linz). Sein „Abschiedswalzer“, der seine deutsche Erstaufführung am Münchner Gärtnerplatz-Theater hatte, wurde in Österreich stark diskutiert, handelte es sich doch um eine Operette über den Wiener Biedermeier-Maler Ferdinand Georg Waldmüller. Hinzu kam: Ein Couplet aus dem „Abschiedswalzer“ wurde von den österreichischen Kabarettisten zum „Nachwährungsreform-Song“ umgewandelt und tauchte in zahlreichen

In: „Wirtin vom Wörthersee“ (links), mit Topsy Küppers (Mitte), Foto aus Berlin in den 30er Jahren (oben)

Liesl Karlstadt, Ludwig Schmidseder und Rudolf Prack in: „Die Dame in Schwarz“

Kabarettabenden auf: „Jeder Mensch hat heut' Butter auf dem Kopf.“ Und auf den Komponisten Ludwig Schmidseder, der in Passau bei Freunden auch als Schmidsi-Wiggerl auftrat und sich in Berlin Wicki Schmid-Seder nannte, wartete noch eine dritte Karriere: die als Darsteller. Seine Verbindung mit dem österreichischen Regisseur und Produzenten Franz Antel verschaffte ihm nicht nur zahlreiche Kompositionsaufträge für dessen Filme, sondern auch originelle, kleine Auftritte als Darsteller. Aus dem schlanken, abenteuerhungrigen Passauer wurde ein Schwergewicht, das gern über seine Pfunde frotzelte: „1,74 Größe und 1,75 Umfang.“

Dieses Gewicht ließ sich nicht nur bei komischen Szenen gut einsetzen, sondern wies den Lebemann auch als Feinschmecker aus. So wurde er der erste Fernsehkoch der TV-Geschichte. Im Bayerischen Fernsehen liefen die Kochsendungen

von Ludwig Schmidseder, an die sich seine zweite Frau Lieselotte noch gerne erinnert. 1952 hat sie den zwanzig Jahre älteren Ludwig Schmidseder geheiratet. Ihre Wohnung in Schwabing, wo sie viele Jahre mit Ludwig Schmidseder gelebt hat, zeugt noch von Erinnerungsstücken, Fotos und einem großen Ölbild. 1971 ist er plötzlich an Herzversagen gestorben. Geheiratet hat Lieselotte Schmidseder nicht mehr. Nach seinem Tod hat sie zweimal versucht, Aufführungen anzuregen, hat abschlägige Antworten erhalten und aufgegeben. „Ich bin nicht die Einzi Stolz, mir liegt das nicht und ich kann das nicht", sagt die Witwe.

Von seiner weltmännischen Art und seinem südländischem Temperament ist sie heute noch beeindruckt. „Er war ein freundlicher, unterhaltsamer, charmanter und sehr geselliger Mensch, wir waren viel aus und oft war er der Mittelpunkt der Gesellschaft." Nicht von ungefähr ist eines seiner

Ludwig Schmidseder mit Jane Tilden (oben) und O. W. Fischer (links)

Die bekanntesten Filme
Beates Flitterwochen
Uwe Karsten, der Heideschulmeister
Auf der Alm, da gibt's koa Sünd'
Wirtin vom Wörthersee
Die Dame in Schwarz
Ich hab'mich so an Dich gewöhnt
Eva erbt das Paradies
Kleiner Schwindel am Wolfgangsee

Die bekanntesten Lieder
I' hab' die schönen Maderln net erfunden
Oktoberfestlied: Wir blei'm beim Bier
Komm doch in meine Arme
Ein Mann muss grau sein, ein Mann muss schlau sein
Ich träume von Liebe
Tango Marina
Ich wünsche Dir Glück, Johnny
Was macht ein Mann nicht alles

Das Verlobungsfoto mit Lieselotte in Grinzing

liebsten und erfolgreichsten Lieder, das auch heute noch oft gespielt wird: „Ich trink den Wein nicht gern allein."

Passau hat nach Ludwig Schmidseder 1987 eine Straße in Heining benannt und 1994 an seinem Geburtshaus Wittgasse 10 eine Gedenktafel zu Ehren des Komponisten anbringen lassen. Er hat 1939 der Dreiflüssestadt einen Walzer gewidmet: „Es gibt nur ein Passau", in dem er die Passauerinnen preist: „Bei dem echt Passau'r Kuss, jeder Bua erst Luft holen muss."

Mit Jupp Hussels in: „Sonne über der Adria"

Karl August Friedrichs

Wald und Welt

Kurzportrait des Unternehmers Georg Höltl und seines Unternehmens im Bayerischen Wald

Im Jahre 1969 bahnte sich zum ersten Mal in der Geschichte des Tourismus ein Reisebus, und zwar ein Rotelbus mit Schlafanhänger, 43 Plätzen und ebenso vielen Gästen auf einer über 4000 Kilometer langen Strecke seinen Weg durch die Sandwüsten der Sahara, über von Stürmen verwehte Pisten durch die Landschaften des Niger, die Regenwälder von Dahome, durch Togo und Ghana bis zur Goldküste Westafrikas. Die Expeditionsleitung hatte sich am Wendekreis des Krebses eine kleine Überraschung ausgedacht. Für jeden Teilnehmer gab es „Bratwurst mit Sauerkraut“.

Das erste Patent: Der Schlafanhänger

Ein Geheimnis der Rollenden Hotels ist dies: der Bus bereitet den Gästen bis in die fernsten Länder dieser Erde hinein (es dürften mittlerweile über 150 sein) einen heimatlichen Mittelpunkt, in dem alles mitteleuropäisch Notwendige an Bord ist.

Zunächst aber war die Erfindung das erste Patent von Georg Höltl, der es 1958 als „Schlafanhänger“ erfolgreich zum Deutschen Patent und zu Internationalen Patenten mit Internationalem Markenzeichen anmeldete. Bus und Anhänger konnten bis zu 43 Personen aufnehmen, die dort nächtigen, sich waschen, sich ernähren, sich an mitgeführte Tische setzen und das Leben in fremden Ländern auf höchst „heimatlichem Boden“ genießen.

Schon in den frühen Jahren seiner beruflichen Tätigkeit unmittelbar nach dem Krieg bewies Georg Höltl Mut, Hartnäckigkeit, die Wucht geballter Vitalität und hohen Einfallsreichtum bei allem, was er begann und leistete.

Von Anfang an hatten es ihm die Busse und deren Aufgabe, Entfernungen von A nach B zu überwinden, angetan.

Die erste Buslinie mit dem Höltl Holzgaserbus

Als der Krieg zu Ende ging und Georg Höltl aus Rappenhof bei Tittling als 16-jähriger aus der

Der erste Bus 1945: Ein Holzgaserfahrzeug

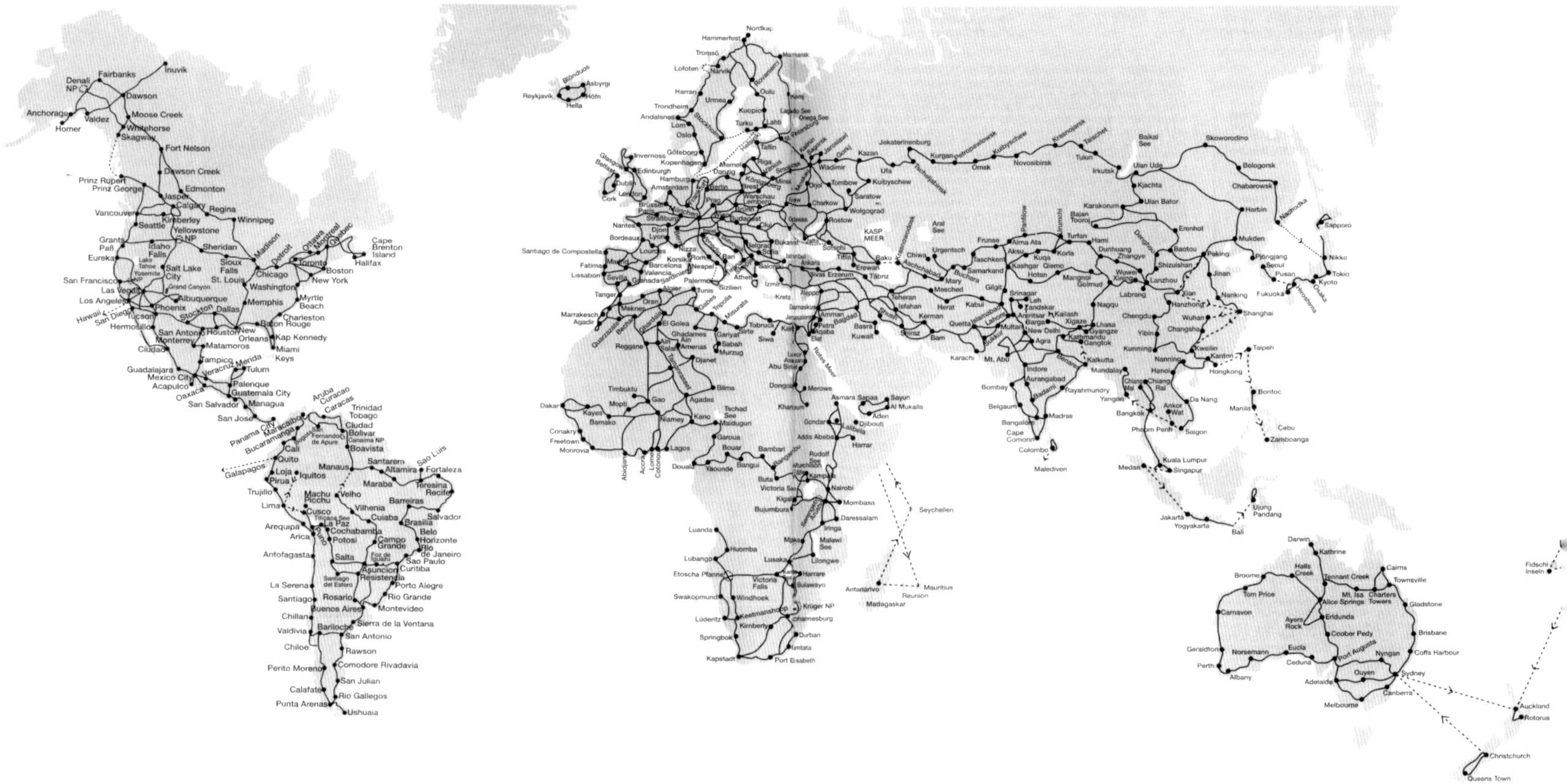

Die weltweiten Routen der Höltl Busreisen

Handelsschule Passau noch zum letzten Aufgebot der Vaterlandsverteidiger geholt worden war und auf abenteuerlichen Wegen nach Rappenhof in den Bayerischen Wald zurückkehrte, hatte er in der Motorsportschule Regensburg die verschiedensten Autotypen gefahren und den Führerschein erworben.

So baute er, angeregt durch seine widrigen Erfahrungen bei der Bewältigung von Entfernungen aus dem Bayerischen Wald z. B. nach Passau oder Fürstenzell, schließlich eine eigene Buslinie auf, die von Rappenhof über Tittling nach Passau führte. Eine Abbildung zeigt das erste Höltl Holzgaserfahrzeug, das als erster sogenannter „Höltl-Bus“ – gewissermaßen unwillig – den Betrieb der Strecke auf sich nahm, bis Höltl und seine beiden Amateurmechaniker dem müden Motor mit Petroleum-Einspritzungen auf die Beine halfen. Am 21. November 1945 funktionierte der Betrieb. Der Holzgaser entwickelte sich zur reinsten Freude des jungen Unternehmers, zumal seine 16 Sitze nicht ausreichten, um alle Mitfahrenden unterzubringen.

Wie so oft im Leben, bekam Georg Höltl recht bald Gegenwind. Die Post versuchte mit allen Mitteln, ihm diese Strecke abzujagen. Trotzdem betrieb er sie viele Jahre, bis neue „Innovationen“, die sein Einfallsreichtum gebar – vielleicht auch mit ein bißchen Glück – und zu neuen bis dahin ungeahnten Aktivitäten führten.

Das Abenteuer Busfahrt: die Pilgerreisen

Omnibusreisen waren damals nicht en vogue. Vielmehr war der Mensch gewohnt, sich mit Eisenbahn oder Schiff von einem Ort zum anderen zu bewegen. Ich selbst wurde sehr bestaunt, als ich als 17-jähriger im Jahre 1953 mit einem kleinen Busunternehmen aus dem Rheinischen eine mehrwöchige Fahrt mit Bus und Zelt nach Jugoslawien unternahm, die mir in ihrer Abenteuerlichkeit bis zum heutigen Tag lebendig vor Augen steht, zumal ich mir damals einen schütteren Flaum – also einen Bart – sehr zum Entsetzen meiner Mutter habe wachsen lassen. Von der Fahrt war ich begeistert, und so ist es wohl auch den vielen Menschen gegangen, die Georg Höltl mit dieser Novität beglückte. Er unternahm Pilgerreisen zunächst 100mal nach Altötting von 1946 bis 1952 und von 1952 bis 1958 und 100mal nach Rom und Assisi.

Das war auch die Zeit, in der Georg Höltl einen zweiten Bus und für 80 Personen Zweimannzelte kaufte, die er in einem Anhänger verstaute, in dem schon damals für zwei Gruppen gekocht werden konnte. Dies war höchst ungewöhnlich, zumal es zu der Zeit selbstverständlich keinen einzigen Campingplatz gab.

Der erste Höhepunkt dieser Initiativen war die Begegnung mit Professor Dr. Franz Hörhammer, dem Leiter der PAX-Christi-Stelle in München, der auf den jungen Höltl aufmerksam wurde. Sie traten miteinander in Kontakt. Höltl übernahm die Pilgerreisen der PAX-Christi-Bewegung und legte damit den Grundstein zu einer nachgerade explosionsartigen Entwicklung seines jungen Unternehmens.

Die Familie: der Grundstein seines privaten und beruflichen Erfolges

Hier halte ich inne, weil just in jene Zeit eine weitere Grundsteinlegung für eine ebenso bedeutende und für die Region wichtige Verbindung fiel, von der er selbst immer wieder sagt, dass er ohne dies für seinen Erfolg und für sein berufliches und – damit wohl auch – privates Glück keinen festen Boden gefunden hätte: er ehelichte am 15. November 1955 Centa Segl aus der Schrottenbaummühle, die bereits von Anfang an für ihren gewiß nicht immer einfachen und vor Ideen und Aktivität überquellenden Ehemann tiefes Verständnis empfand und ihm seit dieser Zeit bis zum heutigen Tag fest zur Seite stand und steht. Aus dieser Ehe stammen die Tochter Claudia (geb. am 6. 11. 1956), sein Sohn Peter (geb. am 13. 04. 1959) und sein Sohn Robert (geb. am 14. 12. 1962).

Vater und Sohn: Georg und Peter Höltl

Er sagte von sich anläßlich seines 75sten Geburtstages auf die Frage, welchen Rat er nach 58-jähriger Unternehmertätigkeit den Jüngeren noch gebe: zu erkennen, wie wichtig eine funktionierende Familie für Erfolg und Zufriedenheit ist.

Das hat er in geduldiger Liebe und in schöner Konsequenz verwirklicht: seine Tochter Claudia studierte an der jungen Universität Passau, der er von früh an bis zum heutigen Tage sehr viel Gutes, materiell und ideell Hilfreiches getan und dabei vieles bewirkt hat, was die Universität heute zu einem tief in die Region integrierten Kleinod gemacht hat.

Seine Tochter hatte in Würzburg mit dem Studium der Volkskunde begonnen und konnte mit der Errichtung eines entsprechenden Lehrstuhls an der Universität Passau unter Professor Dr. Walter Hartinger dort ihr Studium erfolgreich abschließen. Sie stellte Kontakte zur Universität her und war wesentlich an der Konzeption „Museumsdorf Bayerischer Wald" beteiligt, während Georg Höltl in den Folgejahren den Aufbau mit gewohnt großem Einsatz vorantrieb.

Sein Sohn Peter studierte – ebenfalls an der Universität Passau – sehr erfolgreich das Fach Betriebswirtschaftslehre, das ihn in den Stand versetzte, mit voller Kraft, mit viel Initiative und im tiefen Verständnis der Ziele und der inneren moralischen Kraft seines Vaters in der Führung des Unternehmens mitzuwirken, um heute dieses Weltunternehmen zu leiten, ohne auf die Kraft, die Erfahrungen, auf Initiativen und auf das Können des Vaters verzichten zu wollen.

Seine Frau Christina Höltl, die sehr erfolgreich Volkskunde an der Universität Passau studiert hat, lernte er übrigens über das alte Schulhaus im Museumsdorf kennen, das ihr Vater, Schulamtsdirektor Merz, zu dessen Erhaltung an das Museumsdorf vermittelt hatte.

Auf diesem sicheren Grund baute Georg Höltl sein Unternehmen auf. Es ist kein Wunder, dass Vieles von dem, was Höltl anpackt, zur Weltpremiere wurde.

ROTEL TOURS

Das erste Patent, den „Schlafanhänger", nannte ich bereits. Weitere Ersttaten folgten, um nur einige zu nennen: Am 1. Oktober 1962, also zweieinhalb Monate vor der Geburt seines Sohnes Robert, nimmt die längste Omnibusreise, die je von einem Unternehmen durchgeführt wurde, in München ihren Anfang. Zum ersten Mal fährt ein deutscher Omnibus auf dem Landweg nach Indien und dies unter der Ägide eines niederbayerischen Reiseunternehmens: „ROTEL TOURS". 36 000 Kilometer legte der Omnibus in zwei Monaten und 20 Tagen zurück. Die 39 reiselustigen Teilnehmer erlebten ein neues Abenteuer, wobei sie auf den gewohnten Komfort – im kleineren Maßstab – nicht verzichten mussten: eigenes Bett und, wenn gewollt, heimische Verköstigung inbegriffen.

Busreisen in aller Welt

Eine weitere Großtat war die Einführung seiner Busreisen in Nordamerika im Jahr 1966, die dort wie hier großes Aufsehen erregten. Die dortigen Zeitungen sprachen von den fröhlichsten Touristen, die seit langem die USA bereisten und beglückten ihre Leser mit der beigefügten Karikatur. Heute sind die nord- und südamerikanischen Reisen aus dem öffentlichen Straßenbild der Vereinigten und anderer Staaten nicht mehr hinwegzudenken. Die erste Reise durch die Sahara im Jahre 1970 erwähnte ich bereits.

„Die fröhlichsten Touristen der Welt", Karikatur aus einer amerikanischen Zeitung im Jahre 1966

Einen besonderen Höhepunkt stellte allerdings die erste Reise auf dem Landweg mit einem Höltlbus nach China im Jahre 1990 dar. Die Vorbereitungen erforderten höchste Präzision, viel verzweigte und sensible Diplomatie und außerordentlich viel Geduld. Für die Universität war diese Vorbereitung, soweit sie von Herrn Höltl zur Mitwirkung gebeten wurde, nicht gerade das Leichteste: Der, der in unserer Hochschule Chinesisch zu sprechen vermochte, wurde „gewissermaßen" als Kulturwirt für die ostasiatische Region höchst möglich gefordert. Für mich und unseren Gründungspräsidenten und früheren Rektor, Professor Dr. Dr. h. c. Karl-Heinz Pollok, wurden die Begegnungen, die wir mit Ministern, hohen Würdenträgern, Touristikfachleuten und

Behördenvertretern in Tittling und in Passau miterleben durften, zu unvergesslichen Erlebnissen. Stolz waren wir schon auf unsere chinesisch sprechenden Mitarbeiter. Aber dieser bedurfte es im weiteren Verlauf nicht mehr, waren es doch die bewährten Mitstreiter Georg Höltls, die Elite der Reiseleiter und Fahrer, die Elite seiner Planer und der verwaltenden Mitarbeiter gewohnt, mit allen bereisten Ländern (und das sind die mehreren dieser Welt) Verbindungen herzustellen und zu pflegen. Sie nahmen Vorbereitung und Durchführung professionell in die Hand.

Nach einigen Fehlversuchen, nach Überwindung mancher Gelände- und Grenzschwierigkeiten, vor allem der Schließung der Grenze von China nach Pakistan, kam am 8. Juli 1990 die gute Nachricht: „Grenze Pakistan – China weiterhin geschlossen, aber für ROTEL TOURS ist die Sondergenehmigung bereitgestellt." Und in der Tat: bis zum heutigen Tage ist ROTEL TOURS das einzige Unternehmen, das mit Bussen China, und zwar ganz China, bereisen darf.

All dies ist geboren im Bayerischen Wald, von dort aus initiiert und geleitet.

So ist ein weiteres Geheimnis seines weltweiten Erfolges die Fürsorge und die Pflege seiner Mitarbeiter und sein Gespür für mutige, das Außergewöhnliche Liebende. Sie lösten unvermutete Schwierigkeiten und pflegten den Umgang mit fremden Ländern und deren Bewohnern sowie in mütterlicher, väterlicher oder kameradschaftlicher Fürsorge den Umgang mit den Gästen. Das fängt bei denjenigen an, die die ersten Kontakte mit potentiellen Fahrgästen aufnehmen, findet seine Fortsetzung bei denen, die die Busse durch die Fährnisse der Fremde lenken und hört bei denjenigen auf, die die Reisegruppe kenntnisreich und in jeder Hinsicht unterstützend durch die fremden Länder führen.

Zu Hause in Tittling warten Mitarbeiter, die in der Not zur Seite stehen und durchaus auch zur Hilfe so schnell wie möglich zum Standort eines Busses in aller Welt hinfahren, um bei vor Ort sonst nicht behebbaren Schwierigkeiten mitzuhelfen, wie z. B. auch ein Ersatzteil, was aber Gott Lob nur selten vorkommt, an den Standort zu bringen.

Georg Höltl selbst zollt – z. B. bei der 50-Jahr-Feier seines Unternehmens – seinem Personal allerhöchstes Lob.

Die Restaurierung des Hotels „Wilder Mann" und das Glasmuseum

Seine fruchtbaren und wegweisenden Initiativen vor Ort sind dem Geschilderten gleichrangig: Die Restaurierung des Jahrhunderte alten am Passauer Rathausplatz zentral gelegenen Hauses „Wilder Mann" ist in jeder Hinsicht vorbildlich. Ohne auch nur eine einzige Mark öffentlicher, sprich Denkmalmittel, in Anspruch zu nehmen, baute er dieses Haus um und aus, in dem früher schon einmal die berühmte Kaiserin Elisabeth von Österreich übernachtete (heute erinnert daran das mit Originalmöbeln ausgestattete Sissy-Zimmer, in dem sich übrigens eine umfangreiche und einzig-

Das Hotel „Der Ruhende Mann" in Passau am Donauufer

Rotel Inn

artige Bibliothek von Kochbüchern befindet). Im Original nach historischen Plänen restaurierte es Georg Höltl, später nur durch den Passauer Stadtrat übertroffen, der an irgendeiner Stelle der nach hinten hinauslaufenden Hauswand Zentimeter nachwies, die – hier nicht denkmalgetreu – den Bau verändert hätten.

Heute beherbergt dieses Gebäude nicht nur das historisch gestaltete „Hotel Wilder Mann“, sondern auch das Passauer Glasmuseum mit der weltweit größten Sammlung zum „Böhmischen Glas“. Das Museum ist eingetragen in die Liste „National wertvolles Kulturgut“ und verfügt über 30 000 Exponate. Im Gebäude befindet sich auch ein hervorragendes Restaurant, das von Gebhard Endl begonnen und bereits einmal mit dem begehrten Michelin-Stern ausgezeichnet wurde. Das Restaurant steht heute unter der Leitung von Endls Sohn Andreas und dessen Frau Daniela Endl.

Um das Glasmuseum herum reihen sich hochrangige, europa- und weltweit beachtete „Glastagungen“ mit internationaler wissenschaftlicher Besetzung, die Georg Höltl u. a. auch dazu anregten, ein vielbändiges Werk verfassen und drucken zu lassen, in dem mit wertvollem, farbigem Bildmaterial dem Böhmischen Glas und der Glassammlung ein Denkmal gesetzt wurde.

Der Ruhende Mann

In Fortsetzung seiner Rotel Idee schuf er ein weiteres, wie üblich in Passau heftig vielfach diskutiertes Werk, nämlich „den Ruhenden Mann“, ein Hotel, das in seiner Gestaltung im Inneren den Gedanken der Schlafanhänger in ein festes Haus umwandelte und dafür – vor allem für Radtouristen – eine außerordentlich preiswerte und sachlogische Unterbringungsmöglichkeit mitten in der Stadt Passau an der Donau schuf. Die Fassade ist in Form eines liegenden Mannes gestaltet, in dessen Kopf sich der Eingang und die Verwaltung befindet, in dessen Leib die Gemeinschaftsräume und in dessen Beinen sich die Schlafkabinen (etwa 100) angesiedelt haben. Heute ist dieses Hotel ausgelastet, aus Passau nicht mehr hinwegzudenken und auch nicht aus der Szene der deutschen Radtouristen.

Von seiner Philosophie her hat Georg Höltl hier den beängstigenden Wettlauf zu unseren Lasten mit den fernöstlichen Ländern dargestellt, dem Deutschland, sich am Donauufer gewissermaßen ausruhend, mit zu viel Einfallslosigkeit und mit zu wenig eigener Anstrengung – wenn überhaupt – entgegentritt.

Er war – wie die meisten mit jahrhundertalter Gewöhnung an die Kargkeit und Härte des Lebens im Bayerischen Wald dort Lebenden – nicht verwöhnt, sondern von Jugend auf gewohnt, mit harter, nicht auf die Arbeitszeit lugender oder gar Freizeit suchender Arbeit das Leben einigermaßen zu bewältigen. Dies dürfte auch eines der tieferen Wurzeln seines Erfolges sein.

Um sich herum hat Georg Höltl nicht den Schutz haftungsabweisender Gesellschafterverhältnisse wie AG, GmbH o.ä. geschaffen, weil er von Kind auf gewohnt war, für die Leistungen, die er erbringt, selbst einzustehen und sich nicht auf andere zu berufen, wenn etwas aus dem Ruder (oder besser aus dem Lenkrad) läuft. Vice versa gilt dies natürlich auch für seine Erfolge. Einer seiner wesentlichen geschäftlichen Grundsätze lautet daher, möglichst keine Schulden zu machen, sondern Verbindlichkeiten nur im notwendigsten Fall und auch nur geringfügig einzugehen, Investitionen so zu gestalten, dass er sie weitgehend aus eigenen Mitteln bestreiten kann und auch solche Verbindungen nicht einzugehen, die seine Handlungsfreiheit schmälern.

Auch das ist Grundlage eines selbstbewussten Stolzes, der die Familie und ihn selbst auszeichnet. Sein Schutz ist tiefe Religiosität, verwurzelt im Römisch-Katholischen Glauben, seine geschäftlich und privat hochstehende Moral und ein Handeln, das sich aus diesen Grundüberzeugungen trägt.

Dass er sich durch den hohen Grad seiner Freiheit und durch seinen unbändigen Willen, sie im Rahmen seiner Grundüberzeugungen zu verwirklichen, von dem einmal für richtig Erkannten durch nichts abbringen ließ – das bringt auch eine Unbeeinflussbarkeit mit, die schon manche Behörde zur Weißglut gereizt und manchen Mitbürger zu Missgunst und Ärger geführt hat.

Diese Grundhaltung befähigt ihn aber auch dazu, sich intensiv für das Allgemeinwohl zu engagieren und vielen Menschen und Organisationen in aller Welt, aber auch in Passau, helfend zur Seite zu stehen.

Sein Wirken und Werken lassen in der Tat eine dichte Verbindung auf vielerlei Ebenen zwischen Wald und Welt herstellen, eine Verbindung, die er in besonders herausragender Weise nutzte, wie es viele andere mit mehr oder weniger Erfolg ebenfalls taten und leisteten, um so auch einen Beitrag zu der Antwort auf die Frage zu geben, warum über viele Jahrhunderte hinweg Passau ein wahrhaft europäischer Mittelpunkt war, zu dem die Stadt – so glaube ich – auf dem besten Weg ist, wieder ein derartiger Mittelpunkt zu werden. Viele Unternehmen tun es Georg Höltl bereits gleich: die Universität Passau mit ihren weltweiten Verbindungen, die Verlagsgruppe Passau mit ihrer europaweiten Tätigkeit und die Europäischen Wochen, die es mit solchem Namen nirgendwo anders gibt als hier.

So sehr Georg Höltl aufgrund seiner außerordentlichen und einmaligen Leistungen unvergleichbar ist, so stützt er doch mit den genannten und anderen Beispielen meine These, dass bei entsprechendem Willen, von einer aufgeklärten und in die Zukunft strebenden Bürgerschaft unterstützt, die europäische Zentralität dieser Region zurückgewonnen wird, begünstigt durch die EU-Erweiterung und durch das hier in der Region vorhandene Potential.

VOGT

Karl August Friedrichs

Mensch, Genie, Unternehmer

Heinz Plöchinger und sein Lebenswerk

Der Firmensitz

Wenn man, die Vornholzstraße an der früheren Passavia vorbeifahrend und rechts abbiegend, sich dem Gewerbegebiet Mollnhof nähert, so fährt man in ein schönes Villenviertel, in dem sich schmucke Häuser, gepflegte Gärten mit ebenso freundlich gestalteten Bauwerken industriellen Nutzens mischen, die dem Mollnhof das Epitheton „Gewerbe-Gebiet" geben. An höchster Stelle erhebt sich ein zwischen Wohnhaus und Zweckbau angesiedeltes, auf quadratischem Grundriss gebautes, dreistöckiges Gebäude mit schön gestaltetem Pyramidendach, von einer Lichtkuppel gekrönt. Mit seiner ebenmäßigen und lichten Fassade strahlt es eine vornehm zurückhaltende und doch einladende Atmosphäre aus.

Mitarbeiter und Produkte

Hier arbeitet Heinz Plöchinger mit etwa 15 hochrangigen Wissenschaftlern, Diplomphysikern, Diplomingenieuren, Industriemeistern und Feingeräteelektronikern an hochtechnologisch konzipierten und weltweit begehrten Produkten, die der Sensorik physikalischer Größen, der Mikroprozessortechnik und der Software für Regelungs- und Messtechnik dienen: Vakuumsensoren, Vakuumtransmitter, Vakuumanzeigegeräte, Vakuum-Regler, Destillations-Controller.

Vakuum – das ist das Nichts, mit dem er sich auf subtilste und kreativste Weise seit mehr als 30 Jahren beschäftigt. Thyracont – das ist der Firmenname aus einem von ihm entwickelten Prototyp, mit einem Thyristor als Controll-Element. Die anschließend konzipierte Vakuum-Mess-Sonde, die er im Gegensatz zu den bis dahin üblichen Sonden nicht aus Glas, sondern absolut robust aus bruchsicherem Material herstellte, war die Basis für das heutige Tätigkeitsfeld.

Herkunft und Familie

Hätten diese Entwicklung seine Eltern jemals vorhergesehen, als sie ihm das Leben schenkten und er am 26. Dezember 1943 (am Stephanitag) in Hohenröhrn, zwischen Mauth und Finsterau geboren wurde?

Heinz Plöchinger erläutert eine seiner zahlreichen Erfindungen

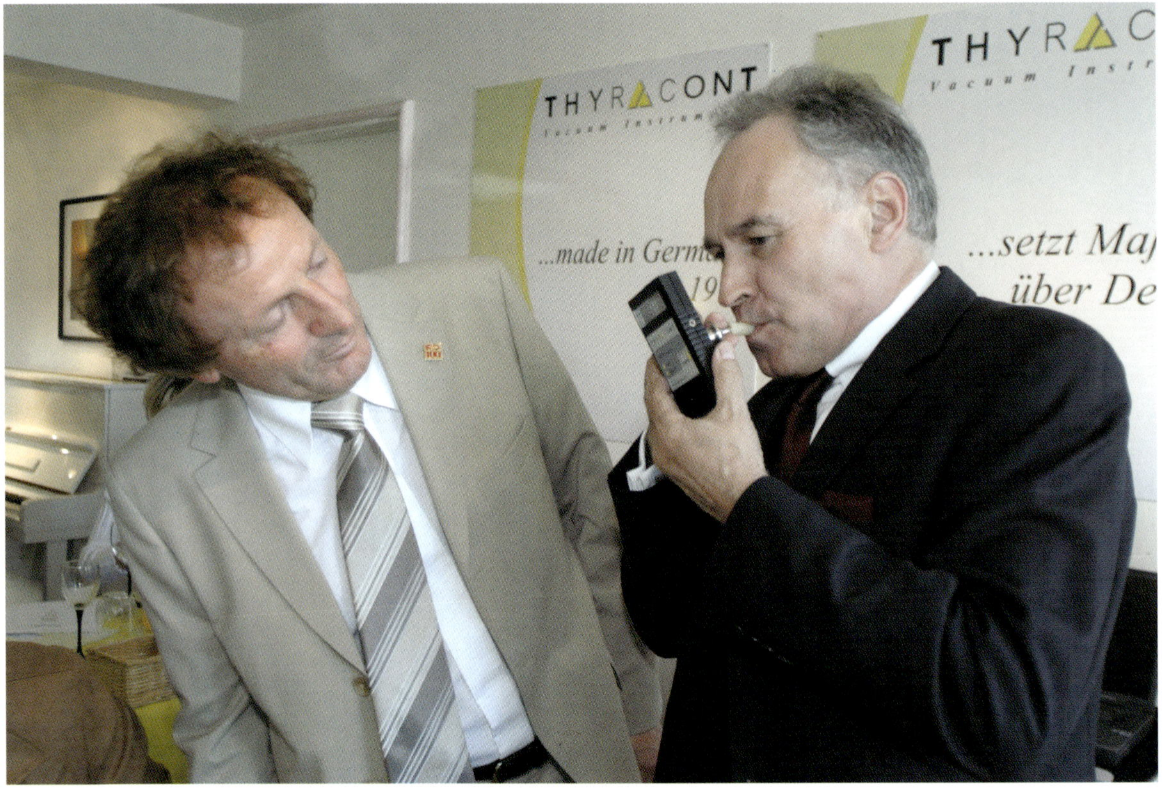

Einer der vielen verliehenen Preise

Macht Staatsminister Huber beim Vakuumtest alles richtig?

Sein Vater war ein Holzhauer und Kleinbauer wie seine aus dem Böhmischen zugewanderten Vorfahren, die auf Initiative des Landrichters von Waldkirchen zu den wenigen gehörten, die im Auftrage des Fürstbischofs zur Sicherung am Goldenen Steig Grund und Boden erhielten. Das geschah auf Grundstücken, die vom Goldenen Steig in einem schmalen Streifen bis hinunter zum weit entfernten Bach reichten. Ein kleines mit Holzbalken gebautes Gebäude, notdürftig von außen und innen mit Brettern gedichtet, war es, in dem die Familie nicht reich, aber glücklich und zufrieden lebte.

Wer hätte damals gedacht, dass er – 59 Jahre alt – in Chicago den weltweit hoch angesehenen R+D 100 Award erhielt, mit dem das amerikanische Wissenschaftsmagazin jährlich 100 weltweit beste Erfindungen auszeichnet, unter ihnen einen Erfinder aus Europa: Heinz Plöchinger. Schon seit seiner Kindheit – aufgezogen von verständnisvollen, ihn liebenden und auf ihn eingehenden Eltern, die auch seinen späteren Lebensweg in großer Zuneigung verfolgten – lebte er dennoch eine manchmal unverstandene Jugend. Seine junge, sensible, kreative Kraft und sein früh mit starkem Willen entwickelter selbständig-freier Geist wuchsen in einem streng katholisch ausgerichteten, bäuerlichen, im Bayerischen Wald zentrierten Umfeld. Dieses Umfeld personifizierte sich bei ihm im Pfarrherrn des Ortes, der – mit höchster Autorität – gefürchtet war, bekannt für seine drastischen Darstellungen von Himmelsfreuden und Höllenqualen.

Der Feuerteufel

Heinz Plöchinger erinnert sich heute noch an eine ihn jahrzehntelang begleitende Gestalt, die der geistliche Herr den Kindern in fürchterlicher Konkretheit vor Augen stellte. Es war ein Feuerteufel, der dem armen Knaben bis in seine Träume folgte.

Träume, die er schlafend oder wachend in den dunkeln Nächten des Winters sah: ihn den Feuerteufel vor dem Fenster, das kälteklirrend von Eisblumen bedeckt war, während der kleine Heinz in einem Zimmer lag, in dem sich durch den eisig pfeifenden Winterwind an Wand und Decke Eiszapfen bildeten. Vor seinen Augen sah der Knabe – nur geschützt durch ein dickes Federbett – den Feuerteufel, der sich in den Eiszapfen und Eisblumen spiegelte und ihn in fürchterliche Ängste stürzte.

40 Jahre hat ihn dieser Traum verfolgt, bis er – künstlerisch hoch begabt – sich ihn vom Leibe

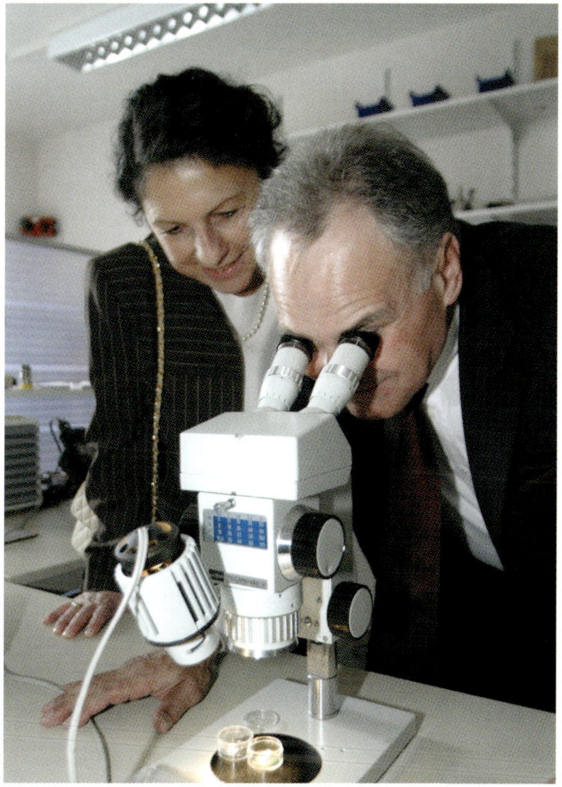

malte. Mit 47 Jahren bannte er auf einem Gemälde den Feuerteufel, den er so in eine Ausstellung im November 2001 einbrachte, mit dem Titel „Feuereiswaldteufeltrud". Mit einem Mal war er diese Last los.

Kindheit und Jugend im Bayerischen Wald

So haben Kunst, freier Geist und Kreativität ihm jene Freiheit gebracht, mit der er schon in früher Jugend begann, sich den Entwicklungen neuer Dinge, die es noch nicht gab, zu widmen.

Faszination des Mikrokosmos: Staatsminister Erwin Huber und Ehefrau Helma

Heinz Plöchinger stellt eine erstaunliche Eigenentwicklung vor

Der „Grant“

Der Firmensitz

Nicht zu unrecht sagt Walter Keilbart, Hauptgeschäftsführer der IHK in Passau: „Heinz Plöchinger ist eine faszinierende Persönlichkeit, die klare, für ihn sichere und außergewöhnliche Ziele verfolgt, die nur ein Mann wie er erreichen kann, ein Mann, der sich nicht limitieren läßt“.

Ein Beispiel aus seiner Kindheit ist der tägliche Schulweg zu der drei Kilometer entfernten Schule in Finsterau. Wenn im tiefen Schnee die Fräse aus Passau endlich den Weg nach Finsterau gefunden und den Weg am Goldenen Steig bis zur Schule freigeschoben hatte, türmten sich rechts und links bis zu drei Meter hohe Schneewände auf, die sich kilometerlang zum Ort hinzogen. Täglich brachte hier der Schulbub mit einem Stock gewissermaßen Graffitigemälde an, die sich schließlich über die lange Strecke hin bis zur Schule zogen – Kunst, die eigentlich erst viele Jahrzehnte später en vogue wurde.

Hier in Finsterau präsentierte er auch seine erste Erfindung (übrigens ist heute ein Nachbau geplant): den Spielautomaten „Mokri“ (damals eine Zigarettenmarke), den Heinz Plöchinger so beschrieb: eingebaut in einen Reklame-Mogelkarton, war er nur aus Karton, Mehlpapp und „Schussern (Tonkugeln)“ hergestellt und funktionsfähig: ein Pfennig Einwurf – dadurch Freigabe der Löcher für Schusser-Einwurf – innere „Rollbahnen“ mit unterschiedlichen Ausgangslöchern: wenn die drei Tonkugeln bei den richtigen Löchern herausliefen: durch Gewicht über Hebel Ausgabe von Karamell im Wert von 2 Pfennig. Aus Wut über Glücklosigkeit von einem Mitschüler demoliert, nach wochenlangem erfolgreichem Betrieb in den Schulpausen.

Einer inneren Logik, nicht aber der eher gegenteilig denkenden Umwelt folgend, wechselte er von der zweiklassigen Volksschule zur „Mittelschule“ nach Freyung. Freilich musste er darum kämpfen, wenn auch letztendlich sein Vater „verständig“ war. Dazu half, dass ein Lehrer seine künstlerische Ader vermutete und daher vorschlug, ihn zum Schaufensterdekorateur auszubilden. Dies überzeugte. Andernfalls – so tröstete man sich – könne der begabte Sohn ja auch Pfarrer werden.

Studium und erste Schritte zum Unternehmer

Von da ab war der Weg für ihn vorgezeichnet. Nach erlangter Fachhochschulreife absolvierte er ein Studium im Fach Elektrotechnik an der Fachhochschule in München mit dem Abschluss Diplomingenieur. Mit 22 Jahren war er bereits damit fertig. Danach fand er seine erste Anstellung in München. Mit 24 Jahren wurde er als Beratungsingenieur Filialleiter – eine exorbitante Karriere.

Sein Drang zur Selbständigkeit, seine von Kind auf ihn begleitende Kreativität, sein Wille zur Innovation und sein Stolz, den er, wie viele aus dem Wald, stets mit sich trug, führten ihn unbeirrt zur Selbständigkeit. Mit 27 Jahren gelang ihm die Gründung eines Unternehmens, und zwar in der Küche seiner Wohnung. Er hatte eine Marktnische gefunden: es gab einen Bedarf an Leistungs-

reglern und Vakuum-Messröhren. Weil die damals üblichen Vakuum-Messröhren aus Glas und nicht aus festem Material gefertigt waren, gingen sie häufig zu Bruch. So erfand er eine robustere Version mit Hilfe der Firma Osram, deren Glühbirnen in ihrem Innenleben Ähnlichkeiten mit Plöchingers Röhren aufweisen und dauerhafte Geräte waren. So dann auch das seine, das sich deshalb gut verkaufte.

Dies alles geschah mit null Kapital. Die Materialien, die er z. B. bei Osram kaufen wollte, wurden

Heinz Plöchinger zeigt Feuereiswaldteufeltrud

ihm dank eines freundlichen Lagerverwalters geschenkt, weil so geringe Mengen in den Verkaufslisten nicht vermerkt waren. Schließlich landete Plöchinger mit seinem neuen Betrieb in der Garage seines Bruders. Seine besten Mitarbeiter waren seine Verwandten.

Drei Monate war er selbständig, hatte aber nur einen Kunden, der ihm – begeistert – seine dauerhafte Ware abnahm. Man kann sich vorstellen, wie schlimm es war, als der Inhaber dieses Unternehmens ihm kündigte, weil die Produktlinie in ein anderes Unternehmen verlagert wurde. Also suchte er neue Kunden. Mit seinem Auto fuhr er durch ganz Europa. Endlich gelang ihm der Durchbruch. Er gewann neue Kunden, mit deren Hilfe es möglich war, im Laufe der Jahre eine komplette Messgeräte-Linie aufzubauen.

Heinz Plöchinger mit der Urkunde des weltweiten R + D 100 Award, der ihm als einzigem Europäer 2002 in Chicago verliehen wurde

Der „Think Tank"

Sein Prinzip: das Unternehmen ist eigentlich ein „Think-Tank". Das, was von seinen hochqualifizierten Mitarbeitern entwickelt wird, stellen großteils von ihm beauftragte Firmen her. Erst der Zusammenbau der Einzelteile zum ganzen Gerät und die Kalibrierung erfolgten wieder bei ihm durch seine höchst zuverlässigen Elektromechaniker.

Heinz Plöchinger besitzt viele Patente, viele Patente aber auch nicht, weil – vor allem europaweite Patente – viel zu aufwändig und zu teuer sind. Obwohl wir ein europäisches Patentamt in München besitzen, muss trotzdem jedes Europa-Patent in jedem europäischen Land gesondert angemeldet werden. Das ist sehr zeitraubend und kostspielig, anders als in den USA, in denen ein sogenannter „small entity status" dafür sorgt, dass Erfindungen wesentlich billiger geschützt werden können. Weniger Bürokratie, mehr Effizienz, mehr Offenheit gegenüber den eigentlichen Problemen deutscher Erfinder, das wünscht sich Plöchinger von der europäischen Patentbürokratie.

Als „Patent-Ersatz" praktiziert man in Plöchingers Unternehmen die Methode, Neuentwicklungen mit eigener „eingebetteter" Software auszustatten und somit sich zumindest für einige Zeit vor Nachahmungen zu schützen.

THYRACONT Vacuum Instruments ist heute in der Branche anerkannt; die Innovationskraft des Unternehmens wird hoch eingeschätzt. Heinz Plöchinger hofft auf zusätzliche Umsätze, weil zahlreiche Großunternehmen sich auf ihre Kernkompetenz zurückbesinnen und ihre Messtechnik „outsourcen".

Sein Eintreten für Interessen der Allgemeinheit und der Unternehmer

Heinz Plöchinger nimmt mit großer Intensität viele Aufgaben in der Gemeinschaft wahr, so, wie es in der Dorfgemeinschaft einer fernab im Wald abgeschiedenen Siedlung selbstverständlich war. So hat er sich mit zahlreichen Vorschlägen in die Diskussion um Passaus „Neue Mitte" eingebracht als Mahner, die Neuerungen am hohen geschichtlichen Anspruch der Heimatstadt auszurichten.

Immer wieder meldet er sich zu Wort, wenn es um die Interessen solcher Firmen geht, die wie die seine dem Mittelstand angehören. So hat er unter dem Titel „Die Wiederentdeckung des Mittelstandes“ Thesen zur aktuellen Diskussion der Benachteiligung des Mittelstandes gegenüber anderen Zweigen der Wirtschaft herausgehoben und die sogenannten „Mittelstandsoffensiven“ der Politik skeptisch beurteilt. Eine Kernaussage ist die Forderung, schnellstens positive Signale zu setzen mit den Komponenten geringerer Kostendruck, insbesondere bei Lohn-Zusatzkosten, deren Staffelung nach Personalkosten-Quote er vorschlägt, um dadurch verbesserte Wettbewerbsfähigkeit, verminderte Bürokratie und einen flexibleren Arbeitsmarkt zu erreichen.

Er geht u. a. auf die „Innovationoffensiven“ ein, wie sie derzeit angeregt werden. Sie sollen der besseren Vernetzung kleiner Unternehmen mit der Forschung dienen und eine Verbesserung versprechen, wenn die wissenschaftlich entwickelten Verfahren mit mehr Praxisbezug angewendet werden. Hier meint er, dass die schon existierenden Technologietransfer-Stellen deshalb noch keinen durchschlagenden Erfolg haben, weil sie sich vornehmlich als „Einbahnstraße“ Forschungs-Elfenbeinturm in Richtung des „drögen Mittelstandes“ verstehen.

Seine Heimat und sein Erfolg

Das von mir Dargestellte zeigt den weit gespannten Bogen von Genialität und Kreativität, von unternehmerischem Können, von Gemeinschaftssinn und das tiefe Wissen um die Bedeutung von Verantwortung und Fürsorge für sein Unternehmen und seine Mitarbeiter. Er führt dies alles darauf zurück, dass er in seiner Kindheit einen großen Freiraum für kreative Dinge genießen durfte und zugleich eine unendliche Geborgenheit in seiner Umwelt empfunden hat. Daraus erwuchs eine tiefe Heimatverbundenheit, die ihm bis heute eigen ist.

Es ist daher nicht verwunderlich, dass er mit seinem Unternehmen in der Region angesiedelt ist, obwohl es günstigere Standorte gibt. Es ist kein Wunder, dass sein Haus in der Nähe von Passau steht, dass er zu einem „Botschafter für Passau“ berufen wurde und dass er sich darum bemüht, in Hohenröhrn die Vergangenheit seiner Familie zu erforschen. Es ist daher kein Wunder, dass er heute in seinem Garten einen Brunnentrog („Grant“) aufstellen konnte, der im Jahre 1849 aus Stein gemeißelt, im Garten des Hauses seiner Familie (es steht heute leider nicht mehr) als Wasserreservoir aufgestellt wurde. Dieser „Grant“ geriet in Vergessenheit, als er fast 50 Jahre im Boden vergraben war, bis Heinz Plöchinger den Trog auf dem Grundstück wiederfand.

Heinz Plöchinger liefert den Beleg dafür, dass Heimat und Globalität, Genialität und Verwurzeltheit in heimischer Geborgenheit, Verantwortung für Mitarbeiter und persönlicher Stolz – kurzum die intakte Gemeinschaft einer in sich stimmigen Region wichtige Potentiale für die Hervorbringung bedeutender Köpfe und Persönlichkeiten sind.

Walter Schweitzer

Der Sprung in die Zukunft

Die Umsetzung der High-Tech-Offensive (HTO) Bayern an der Universität Passau

Die Privatisierungserlöse

In der Regierungserklärung vom Juni 1998 verkündete Ministerpräsident Dr. Edmund Stoiber die High-Tech-Offensive (HTO) Bayern, die darauf abzielte, die Privatisierungserlöse aus dem Verkauf der staatlichen Anteile an der VIAG AG (mittlerweile zusammen mit der VEBA AG in der E.ON AG aufgegangen) nicht konsumptiv zu verwenden oder damit Haushaltslücken zu schließen, sondern innovative Technologien sowie Wissenschaft und Forschung zu fördern. Verbunden war damit die Absicht, einen Beitrag zur Zukunftssicherung Bayerns zu leisten, da in Bereiche investiert werden sollte, die die Chancen Bayerns im globalen Wettbewerb nachhaltig verbessern und langfristig moderne und krisensichere Arbeitsplätze schaffen. In dieser Regierungserklärung wurden als Themenschwerpunkte Life Sciences (Biowissenschaften und Gentechnologie), Neue Werkstoffe, Umwelttechnik, Medizintechnik, die Informations- und Kommunikationstechnologie sowie die Internationalisierung der Bayerischen Universitäten genannt.

Der Anteil für unsere Universität

Für die Universität Passau kamen dabei nur die beiden letztgenannten Bereiche in Frage, wobei einer rechtzeitigen Antragstellung zugute kam, dass die Universitätsleitung einige Projekte in der „Schublade“ vorhielt, mit denen insbesondere Flächen für die Unterbringung von Drittmittelprojekten geschaffen werden sollten, da sich zum Beispiel mit der Passauer Forschergruppe des Bayerischen Forschungszentrums für Wissensbasierte Systeme (FORWISS) eine außerordentlich erfolgreiche anwendungsorientierte Forschungseinrichtung etabliert hatte und dass die im letzten verbliebenen Gebäude des ehemaligen Studentendorfes angesiedelten Drittmittelprojekte (von der Deutschen Forschungsgemeinschaft und anderen Wissenschaftsorganisationen sowie von Partnern aus der Wirtschaft finanziell unterstützt) schnellstens umgesiedelt werden mussten, um dieses letzte Gebäude für die Fertigstellung des Sportfreigeländes abreißen zu können.

Modell des IT-Zentrums

Die Grundsteinlegung des IT-Zentrums im Mai 2003. V. l. Prof. Dr. Walter Schweitzer, Rektor der Universität Passau, Staatsminister Hans Zehetmair, Ltd. Baudirektor Günter Albrecht

Die Projekte

Zunächst war geplant, für die nach erfolgreicher Antragstellung genehmigten Vorhaben, nämlich das Zentrum für Anwendungen der Informatik, das Campuszentrum für IT-Dienstleistungen sowie das Zentrum für Internationale Beziehungen drei getrennte Baukomplexe auf dem Universitätsstammgelände zu errichten.

Das Zentrum für Anwendungen der Informatik

Im Zentrum für Anwendungen der Informatik (jetzt einprägsamer als IT-Zentrum bezeichnet) werden Lehrstühle aus dem Bereich des Informations- und Kommunikationswesen der Fakultät für Mathematik und Informatik sowie der Wirtschaftswissenschaftlichen Fakultät, die bereits erwähnten Drittmittelprojekte sowie informatiknahe Forschungsinstitute untergebracht, u. a. das bereits erwähnte Forschungszentrum für Wissensbasierte Systeme (FORWISS). Das Campuszentrum für IT-Dienstleistung soll sich mittelfristig zu einem Gründerzentrum entwickeln, in dem junge Wissenschaftler, insbesondere aus dem IT-Bereich, sich durch Ausgründungen aus der Universität (spin-off Unternehmen) in enger Anlehnung an die Infrastruktur der Universität als selbständige Unternehmer betätigen können, es sol-

len dort aber auch bereits bestehende Unternehmen unterkommen, die wegen ihres Geschäftskonzeptes auf die enge Zusammenarbeit mit Lehrstühlen und Instituten der Universität angewiesen sind. Für dieses Gebäude war ebenfalls ein Neubau geplant, durch den Umzug der Verwaltung der Jochenstein-Kraftwerks AG nach Simbach/Inn ergab sich jedoch überraschend die Möglichkeit, das dadurch frei gewordene Verwaltungsgebäude an der Gottfried-Schäffer-Straße zu kaufen und für die Bedürfnisse der Universität umzubauen. Da die Universität gegenwärtig allerdings dringend Raumkapazität benötigt, um neu gegründete Institute unterzubringen – davon wird im Einzelnen noch zu berichten sein – sind in diesem umgebauten Gebäude seit dem Frühjahr 2002 vorübergehend solche wissenschaftlichen Einrichtungen so lange untergebracht, bis das Gebäude des IT-Zentrums fertiggestellt ist – daher wird dieses Gebäude universitätsintern gegenwärtig als Institutsgebäude bezeichnet.

Der regionale Zweck

Mit dieser Erweiterung im Bereich der Informations- und Kommunikationstechnik werden die Möglichkeiten verbessert, in der ostbayerischen Region Cluster zwischen der Wirtschaft und der Wissenschaft zu bilden, also zum einen der Wirtschaft die Möglichkeit geben, von der Wissen-

„Jochensteingebäude“

schaft das Wissen zu beziehen und dieses innovativ in Produkte und Dienstleistungen umzusetzen, zum anderen aber auch die Wissenschaft in die Lage zu versetzen, nicht nur Grundlagenforschung zu betreiben, sondern auch in der angewandten Wissenschaft mit leistungsfähigen Partnern aus der Wirtschaft zusammenzuarbeiten. Auf diese Weise entsteht eine win-win-Situation zum Nutzen beider Partner bei solchen gemeinsamen Projekten.

Passau – ein IT-Standort?

Schon in der Vergangenheit haben sich in Ostbayern, speziell im Passauer Raum, eine Reihe von informatiknahen Unternehmen und Zweigbetrieben angesiedelt, die ihre Standortentscheidung u. a. auch mit der Existenz der Universität Passau, insbesondere der Fakultät für Mathematik und Informatik sowie der Wirtschaftsinformatik an der Wirtschaftswissenschaftlichen Fakultät, begründeten.

Durch diese beiden neuen Einrichtungen auf dem Universitätsgelände bzw. an der Gottfried-Schäffer-Straße gewinnt die Informatik-Kompetenz an der Universität Passau ein noch größeres Gewicht, so dass mittel- und langfristig die Hoffnung besteht, dass sich weitere Unternehmen aus diesem Bereich mit hochqualifizierten zukunftssicheren Arbeitsplätzen auch für die Absolventen unserer Universität ansiedeln werden. Vielleicht eröffnet diese Kompetenzerweiterung aber auch die Chance, das Fächerspektrum der Universität Passau in Richtung Technische Informatik, Mechatronik und Robotik zu erweitern.

Das Zentrum für Internationale Beziehungen

Im Zentrum für Internationale Beziehungen wird die Infrastruktur zusammengeführt, die für die Betreuung unserer ausländischen Studierenden sowie für die eine gewisse Zeit an eine ausländische Partneruniversität wechselnden Passauer Studierenden erforderlich ist – das Akademische Auslandsamt, ein Internationaler Studentenclub, Büroräume für Gastprofessuren und Tutorinnen und Tutoren, die sich um das Wohl unserer ausländischen Gäste kümmern bzw. unsere Studierenden vor dem Weg an eine ausländische Universität beraten. Falls noch ausreichend Raumkapazität übrig bleibt, könnte auch das neue Institut für Interkulturelle Kommunikation an der Universität Passau (INK.UP) dort unterkommen.

Die internationale Ausrichtung der Universität

Die internationale Ausrichtung unserer Universität ist ein Schwerpunkt- und Profilelement, das von Anfang an die Aktivitäten der Universitätsleitung sowie der Fakultäten maßgeblich beeinflusste. Belegt wird dies durch die Aussagen, dass die Universität Passau beim Anteil der ausländischen Studierenden an der Gesamtzahl aller Studierenden immer einen Platz unter den ersten drei Universitäten in Bayern einnimmt, dass bei der Summe der Finanzmittel für die von der EU finanzierten Austauschprogramme SOKRATES/ERASMUS, bezogen auf die Zahl der Studierenden im 5./6. Semester, die Universität Passau nun schon seit mehreren Jahren unter den bayerischen Universitäten den ersten Platz innehat und dass nach der 16. Sozialerhebung des Deutschen Studentenwerkes 53% der Studierenden der Universität Passau ein mindestens einsemestriges Auslandsstudium oder ein Auslandspraktikum absolvieren. Bei der letztgenannten Zahl liegt die Universität Passau mit Abstand an der Spitze, gefolgt von den Universitäten Mannheim bzw. Freiburg mit 33% bzw. 31%.

Die bauliche Realisierung

Bei den beiden noch auf dem Campus verbleibenden Zentren (IT-Zentrum und International House) stellte sich schnell heraus, dass es aus Gründen der Flexibilität zweckmäßig sein dürfte, beide Zentren in einem Gebäudekomplex unterzubringen. Nach einem Architektenwettbewerb im Herbst 2002, bei dem sich der Entwurf des Büros Schmidt-Schicketanz & Partner GmbH aus München als preis- und realisierungswürdig ausgewählt wurde, legte im Mai 2003 der Bayerische Staatsminister für Wissenschaft, Forschung und Kunst, Dr. h. c. Hans Zehetmair, den Grundstein für dieses architektonisch außerordentlich gelungene Bauwerk – bereits die Pläne sowie die Modelle belegen diese spekulativ erscheinende Aussage. Die Fertigstellung dieses Gebäudes für die beiden Zentren ist für den Herbst 2005 vorgesehen. Dieses neue Gebäude wird einen bemerkenswerten Beitrag zum architektonischen Gesamtkunstwerk liefern, den unsere Universität – in zauberhafter Lage am Innufer – darstellt. Diese Aussage werden insbesondere diejenigen bestätigen, die aus früheren Zeiten die ästhetisch eher unbefriedigende Mischung aus Wohn- und Gewerbebauten noch aus eigener Anschauung kennen. Wenn es eines Tages doch gelingen sollte, den einzigen auf dem Universitätsgelände verbliebenen Gewerbebetrieb umzusiedeln, wäre dieser architektonische Gesamteindruck allerdings erst wirklich perfekt.

Das regionale Technologiekonzept

Die HTO Bayern umfasst neben den Investitionen in anwendungs- und zukunftsorientierte Wissenschaftsbereiche, die eingangs aufgezählt wurden, für jeden Regierungsbezirk Bayerns ein regionales Technologiekonzept, für die die niederbayerischen Hochschulen, Unternehmen, Kammern und andere Institutionen zur Antragstellung aufgefordert worden sind. Unter den etwa 50 eingereichten Projektanträgen in Niederbayern wurden von einem unabhängigen Gutachtergremium unter der Leitung einer renommierten Unternehmensberatung eine Reihung vorgenommen, bei der sich auch die Universität Passau mit einigen Projekten sehr gut platzieren konnte.

Tourismusforschung (CenTouris)

Vor dem Hintergrund der Bedeutung des Tourismus für die Region Ostbayern wurden die finanziellen Mittel für die Anschubfinanzierung eines Instituts für Angewandte Tourismusforschung und Tourismusinformationssysteme zur Verfügung gestellt. Für dieses Institut, nach der offiziellen Eröffnung einprägsamer in Centrum für marktorientierte Tourismusforschung (CenTouris) umbenannt, entwickelte der damalige wissenschaftliche Leiter Prof. Dr. Dr. h.c. Helmut Schmalen ein anspruchsvolles Konzept, das die Einrichtung eines Tourismusbarometers beinhaltete, bei dem Befragungen an ausgewählten über die Region Ostbayern verteilten Messpunkten im Zeitablauf (Sommer und Winter) durchgeführt werden, die dann als Grundlage für messpunktspezifische Handlungsempfehlungen dienen. Durch diese kontinuierlichen Befragungen ist gewährleistet, dass Veränderungen im Zeitablauf besser beobachtet und die Wirkung von eingeleiteten Veränderungen kontrolliert werden können. Nach dem völlig überraschenden Tod von Professor Schmalen im Oktober 2002 übernahmen Professor Dr. Gerhard Kleinhenz und Professorin Dr. Gertrud Moosmüller die wissenschaftliche Leitung, so dass das für Wissenschaft und Praxis gleichermaßen innovative Untersuchungsprogramm dieses Institutes fortgeführt werden kann.

Richtfest vom Zentrum für Anwendungen der Informatik. V. l.: Staatssekretär Georg Schmid, Rektor Professor Dr. Walter Schweitzer, Ltd. Baudirektor Günter Albrecht und Architekt Hans Jürgen Schmidt-Schicketanz vom Architekturbüro Schmidt-Schicketanz und Partner

Institut für Informationssysteme und Softwaretechnik (IFIS)

Auch für das Institut für Informationssysteme und Softwaretechnik (IFIS) unter der wissenschaftlichen Leitung von Prof. Dr. Burkhard Freitag wurde eine solche Anschubfinanzierung für eine beschränkte Zeit vorgesehen, nach der sich diese Institute dann aus den eigenen erzielten Erlösen finanzieren müssen. Dieses Institut aus dem IT-Bereich soll sich vorrangig mit der Beratung von mittelständischen Unternehmen aus der ostbayerischen Region befassen, für die eine eigene Personalausstattung in der Informations- und Kommunikationstechnik aus Kapazitätsgründen nicht in Frage kommt. Das Arbeitsprogramm umfasst gegenwärtig auch die Software-Entwicklung für das virtuelle Lernen, also die Ergänzung der Präsenzlehre an den Hochschulen durch E-Learning-Angebote, wie sie von der Virtuellen Hochschule Bayern vorgehalten werden. Dieses Institut wird nach Fertigstellung des IT-Zentrums auf dem Universitätscampus dort einziehen.

Lehrstuhl für Wirtschaftsinformatik; FORWISS

Auch der Lehrstuhl für Wirtschaftsinformatik, der der Wirtschaftswissenschaftlichen Fakultät der Universität Passau zusammen mit der erforderlichen Personalausstattung zusätzlich zugewiesen wurde, stammt letztendlich aus diesem regionalen Technologiekonzept der HTO.

Vervollständigt wird der für die Universität Passau relevante Bereich der HTO durch ein Projekt zur Entwicklung eines graphisch gestützten Software-Entwurfsystems, das von der Firma MicroEpsilon, Ortenburg, und dem Forschungszentrum für Wissensbasierte Systeme (FORWISS) gemeinsam bearbeitet und das zwischenzeitlich erfolgreich abgeschlossen wurde.

Kontaktstelle und das Kolleg für Weiterbildung auf Schloss Neuburg

Im Juli 2002 hat an der Universität Passau die Kontaktstelle für Weiterbildung ihre Arbeit begonnen. Damit wurden die infrastrukturellen Voraussetzungen für die Umsetzung eines zukunftweisenden Weiterbildungskonzeptes geschaffen. Die Kontaktstelle für Weiterbildung ist die Schnittstelle zwischen der Universität Passau als Anbieter in den Weiterbildungsaktivitäten und den interessierten Unternehmen, Verbänden und Führungskräften sowie den Alumni und Studierenden der Universität Passau.

Für die bisher durchgeführten Kurse des Kollegs für Weiterbildung wurden vorwiegend die Seminarräume auf dem Universitätsgelände genutzt. Mit der Eröffnung des Kollegs für Weiterbildung auf Schloss Neuburg im November 2003 stehen der Kontaktstelle ansprechende logistische Möglichkeiten für die Durchführung qualitativ hochwertiger Weiterbildungsveranstaltungen in gehobenem Ambiente zur Verfügung. Da das Kolleg für Weiterbildung in das Tagungszentrum auf Schloss Neuburg integriert ist, dessen Restaurant und Hotel von den Teilnehmern genutzt werden können, entfallen weite Wege zwischen Tagungs- und Übernachtungsort. Der Ausbau von fünf Seminarräumen im Nordflügel der Hauptburg wurde ebenfalls aus dem regionalen Technologiekonzept der HTO mit ca. 1,5 Mio. € finanziert.

Gelegentlich hört man die Klage, dass der Anteil des Regierungsbezirks Niederbayern an der Gesamtfördersumme der HTO zu gering ausgefallen wäre. Mit Blick auf die an den niederbayerischen Hochschulen realisierten Maßnahmen muss man hier allerdings deutlich widersprechen. Allein der Universität Passau wurden aus der HTO insgesamt 22 Mio. € zur Verfügung gestellt und davon allein 17 Mio. € für Baumaßnahmen. Vergleicht man diese Zahl mit den Ausgaben von 112 Mio. € für die bisher auf dem Universitätsgelände erstellten Gebäude (ohne die bereits realisierten Baumaßnahmen der HTO) so kann man die Relation der beiden Summen noch besser beurteilen. Die Universität Passau ist deshalb allen politisch Verantwortlichen sehr dankbar, angefangen bei den Abgeordneten unserer ostbayerischen Region, die sich immer wieder auch für die Beteiligung der Universität Passau an der HTO einsetzten, aber auch der Bayerischen Staatsregierung, insbesondere der Bayerischen Staatskanzlei sowie dem Bayerischen Staatsministerium für Wissenschaft, Forschung und Kunst, dass sie aus dem „Kuchen" der HTO doch mit einem recht ansehnlichen Stück bedacht worden ist. Für das Bau- und Ausbaugewerbe kann man das durchaus als ein nicht unbeträchtliches Konjunkturprogramm werten, da die Investitionssumme zum größten Teil direkt in der niederbayerischen Region verblieben ist. In den nächsten Monaten und Jahren wird es für die Universität Passau darum gehen, weiter daran zu arbeiten, die aus der HTO abzuleitenden Ziele in konkrete und erfolgreiche Konzepte umzusetzen und damit die Erwartungen zu erfüllen, die die politisch Verantwortlichen in dieses Investitionsprogramm gesetzt haben.

Gegen cubanische Busse sind überfüllte Hörsäle an der Uni Passau echt Zuckerschlecken!

Klaus Dirscherl

Passauer Studenten in aller Welt

Das internationale Profil der Universität

Das Wort „Passau" – natürlich nur so ausgesprochen – bedeutet im Chinesischen „Unruhe im Taschentuch". Auf den ersten Blick klingt das eigenartig, vielleicht sogar sinnlos. Genauer betrachtet, könnte man jedoch meinen, den Chinesen gelingt dadurch, ein nicht zu bestreitendes Passauer Phänomen treffend zu beschreiben. Passau, eine kleine bayrische Stadt, klein wie ein Taschentuch. Mit einer vergleichsweise kleinen Universität. Doch die Studenten dieser Universität zeichnet eine deutschlandweit einmalige Unruhe aus, wenn es darum geht, Passau für einige Zeit zu verlassen, um mehrere Monate oder gar Jahre im Ausland zu studieren oder zu arbeiten.

Eine mittlerweile fast schon etablierte „Weisheit" unter den Passauer Studenten besagt, dass es einfacher ist, seine Mitstudenten zufälligerweise im Ausland zu treffen als an einem normalen Werktag in der Passauer Fußgängerzone. Und so ganz falsch ist diese Einschätzung nicht. Denn es kann schon passieren, dass man als Tourist nichtsahnend vor der berühmten Kathedrale im spanischen Toledo steht und plötzlich auf Deutsch angesprochen wird: „Sag mal, du bist doch die aus meinem Spanischkurs an der Uni Passau? Ja, was machst denn du hier?" Auch beim Besuch eines Szenelokals im Londoner Stadtteil Soho muss man damit rechnen, seinen Mitstudenten über den Weg zu laufen: „Ja, so eine Überraschung! Du machst also auch gerade Praktikum in London. Sag mal, könnte ich dein Zimmer übernehmen, wenn du wieder zurück nach Passau gehst?"

Zahlen, Fakten

Das internationale Profil der Universität Passau wird von den Verantwortlichen bei jeder Gelegenheit auch gebührend hervorgehoben. Gleichwohl hat eine vom Deutschen Studentenwerk angefertigte Statistik auch Passaus international versierten Rektor Prof. Schweitzer ziemlich überrascht. Dieser Erhebung zufolge gehen 52% aller Passauer Studenten während ihres Studiums für eine mehr oder weniger lange Zeit, durchschnittlich mindestens ein Semester, zum Studium oder Praktikum ins Ausland. Diese Zahl hat manche ungläubig ihren Kopf schütteln lassen. Denn da-

Den Begriff Partner-Uni nimmt sie wörtlich ...

mit liegt die Universität Passau in Deutschland einsam an der Spitze der auslandsaktiven Universitäten. An zweiter Stelle, aber weit abgeschlagen, rangiert die Universität Mannheim mit ca. 30%. Und an Universitäten wie München, Köln oder Berlin sind es lediglich 10 – 12% aller Studierenden, die ins Ausland gehen. Der Grund für diese starke Auslandsaktivität Passauer Studenten liegt z. T. natürlich an den Studienangeboten und Karriereprofilen, die an Passaus Alma Mater angeboten werden. Da ist zum einen die Fachspezifische Fremdsprachenausbildung, die jedem Juristen, Wirtschaftswissenschaftler, aber auch den anderen Studierenden offen steht, um zusätzlich zu ihrer fachlichen Ausbildung eine fachspezifische Fremdsprachenausbildung ergänzend und als Teil ihres Studiums zu durchlaufen. Und wenn man schon in Passau die juristische oder wirtschaftswissenschaftliche Fachsprache Russisch oder Englisch studiert, so will man diese Kompetenz auch im Ausland erweitern und vertiefen. Gut 60% aller Jura- und Wirtschaftsstudenten nutzen diese Möglichkeit. Im Kulturwirtstudiengang, dem renommierten Vorzeigeangebot aus Passau, ist das Auslandsstudium oder -praktikum sogar Pflicht, d. h. 100% aller Kuwis, wie man die Kulturwirtstudierenden liebevoll nennt, um sie von den Kiwis zu unterscheiden, gehen auch ins Ausland.

Auch eine andere Statistik, die des Deutschen Akademischen Austauschdienstes (DAAD) über die Stipendienförderung deutscher Studenten im Ausland, platziert Passau und seine Studenten auf dem ehrenvollen 11. Rang, während renommierte Universitäten, wie die Ludwig Maximilians-Universität, auf dem 34., die Universität zu Köln auf dem 61. oder die Universität Regensburg gar auf dem 72. Platz rangieren. Passauer Studenten gehen also nicht nur viel ins Ausland, sie werden auf Grund ihrer Qualität auch überdurchschnittlich oft durch Stipendien bei diesem Auslandsstudium gefördert.

Unterstützt wird das auslandsaktive Verhalten der Passauer Studenten durch zahlreiche Partnerschaften mit fremden Universitäten, die vom Akademischen Auslandsamt mit Barbara Lehrmann an der Spitze sorgfältig betreut werden. Zur Zeit sind es 116 an der Zahl. Die Universitäten London und Paris gehören ebenso dazu wie jene von Buenos Aires, Schanghai oder Moskau. Neben wichtigen Großuniversitäten hat sich die Universität aber zumeist um kleinere aufstrebende und junge Hochschulen als Partner bemüht, da an diesen akademischen Lehrstätten das Arbeitsklima, die Wohnverhältnisse und auch die Bindung an die einheimische Bevölkerung wesentlich besser ist. Cáceres in Spanien, Chieti in Italien, Santiago del Estero in Argentinien oder Krasnojarsk in Russland wären hier neben vielen anderen Beispielen zu nennen. Bei aller Vielfalt der ausländischen „Standorte“ kann man aber trotzdem deutliche Schwerpunkte ausmachen. So ist im Westen eindeutig Spanien beliebtestes Ziel und im Osten Russland.

Mit einigen Partnern betreibt die Universität Passau sogar Doppeldiplomstudiengänge, die es den Passauern, aber auch den ausländischen Partnern

Ich finde es gut, wenn man in den ersten Tagen an der Uni nicht gleich als Westler auffällt.

ermöglichen, das Abschlussdiplom sowohl im einheimischen wie im ausländischen Studiengang zu erwerben. Die Universidad del Salvador bietet sogar eine fast bis auf jeden Paragraphen getreue Kopie des Kulturwirtstudiengangs unter dem Namen Licenciatura en Gerenciamiento Económico-Intercultural in Buenos Aires an. Fünf Passauer Kuwis gehen jedes Jahr dorthin, studieren Makroökonomie, lateinamerikanische Geschichte und ein wenig Theologie (beim argentinischen Partner handelt es sich um eine ehemalige Jesuitenhochschule) und erwerben nach ihrer Rückkehr in Passau das Diplom als Kulturwirt und die Licenciatura der argentinischen Partneruniversität.

Netzwerke

Es mag überraschen, aber die Organisation eines Auslandsstudiums stellt für den Passauer Studenten in der Regel kein allzu großes Problem mehr dar. Dank der vielen ehemaligen Passauer im Ausland haben sich hilfreiche Strukturen herausgebildet. Wer konkrete Hilfestellungen bei der Planung seines Auslandsstudiums oder einfach nur Tipps für die Wohnungssuche etwa in Rom oder in São Paulo benötigt, kann auf die professionelle Beratung der Passauer Auslandstutoren zurückgreifen. Das Team der Auslandstutoren bereitet die Studenten in speziellen „Wegfahrer-Workshops“ auf ihren Studienaufenthalt im Ausland vor und verarbeitet mit ihnen in den „Rückkehrer-Seminaren“ die im Ausland gesammelten Erfahrungen. Außerdem sammeln sie bei den Rückkehrern Informationen über die verschiedenen ausländischen Universitäten und über die Organisation des täglichen Lebens in den fremden Städten. So geben die Studenten ihre eigenen Erfahrungen und hilfreiche Adressen an ihre Kommilitonen weiter. Auch die internationale Wohnungsbörse des Kuwi-Netzwerks hat sich zu einem Umschlagplatz für Wohnungsangebote auf der ganzen Welt entwickelt. So ist es bisweilen einfacher, eine Studentenbude in Irkutsk zu bekommen als eine bezahlbare Bleibe in München.

Praktika

Woran erinnern sich Absolventen der Passauer Universität besonders gern? Ein Projektleiter bei einer großen deutschen Unternehmensberatung, der in Passau Betriebswirtschaftslehre studiert hat, ist stolz darauf, in Passau eine Zusatzausbildung in Portugiesisch für Wirtschaftswissenschaftler genossen zu haben. Aufgrund seiner Portugiesischkenntnisse hat er einen Praktikumsplatz in Rio de Janeiro bekommen und bereits während des Studiums ein halbes Jahr in Brasilien gelebt.

Viele Studenten, gerade aus den Studiengängen Betriebswirtschaftslehre, Volkswirtschaftslehre, Sprachen, Wirtschafts- und Kulturraumstudien (Kuwi) und European Studies, absolvieren während ihres Studiums mindestens ein Praktikum im Ausland. In den meisten Fällen verbringen die Studenten dabei 3 bis 6 Monate in ausländischen Niederlassungen oder Filialen großer deutscher Firmen. So betätigen sich die Passauer Praktikanten etwa als Dolmetscher im VW-Werk in

Cartoons: Tanja Danzl

Schanghai, organisieren Ausstellungen im Goethe-Institut in Dakar (Senegal), moderieren den Wetterbericht bei Bloomberg TV in London oder begleiten den bekannten Opern- und Theaterregisseur Robert Wilson ein Jahr lang um die Welt. Aber auch beim deutsch-französischen Fernsehsender ARTE in Straßburg oder im UNO-Hauptquartier in New York trifft man regelmäßig auf Passauer Studenten. Der Einsatzbereitschaft der Studenten sind dabei seitens der Universität keine Grenzen gesetzt: So wurden die Passauer auch schon als Mitarbeiter auf der EXPO in Sevilla, in einer Pinguin-Station in Chile oder bei Menschenrechtsorganisationen zum Schutz von Straßenkindern in Bolivien gesichtet. Und dies ist nur eine winzig kleine Auswahl an Beispielen. Die Liste ließe sich endlos fortführen.

Wie bekommt man als Passauer Student einen Praktikumsplatz im Ausland? Hier gibt es zum einen die Praxiskontaktstelle der Universität Passau, die den Studenten bei der Suche nach Praktikumsplätzen im In- und Ausland, aber auch bei der Suche nach künftigen Arbeitsplätzen behilflich ist.

Die aktuellen Angebote sind allen Interessierten auf der Internetseite der Praxiskontaktstelle zugänglich, und wer Hilfe beim Zusammenstellen der Bewerbungsunterlagen sucht, der wird entweder persönlich oder im Rahmen der regelmäßig stattfindenden Informationsveranstaltungen beraten. Zum anderen werden Praktikumsplätze über die Mund-zu-Mund-Propaganda unter den Studierenden vermittelt, so dass Einrichtungen wie die Deutsch-Chilenische Außenhandelskammer in Santiago de Chile oder das Goethe-Institut in Marseille ihren Passauer Praktikanten schon fest einkalkulieren.

Nutzwert

Welch „bereichernden“ Effekt die Auslandsmobilität Passauer Studenten auch für die entsendende Universität, nicht nur für den einzelnen Studierenden hat, wird meistens übersehen. Bei genauerer Betrachtung kann man sich aber den „Gewinn“, den eine auslandsintensive Universität wie die Passauer macht, sehr wohl verdeutlichen. Wenn die Hälfte aller Studierenden für durchschnittlich ein bis zwei Semester an ausländischen Universitäten und Praktikumsplätzen lernt und Leistungen erwirbt, die in Passau angerechnet werden, so nutzen diese Studierenden in dieser Zeit Ressourcen, die nicht von Passau bereit gestellt werden müssen. Nimmt man als Regelauslandszeit das 5. und 6. Semester an, in dem sich im Durchschnitt etwa 1 000 Studenten befinden, so sind es jährlich etwa 500 Studierende, die oben erwähnten ca. 50%, die in Passau anzurechnende Leistungen im Ausland erwerben. Das Personal und die Infrastruktur für diese 500 Studierenden wird von auswärtigen Universitäten und Firmen bereit gestellt. Passauer Studenten nutzen es für ihre eigene Profilierung, und sie bringen nach ihrer Rückkehr an ihre Alma Mater dieses neue, frische und erfrischend fremde Wissen an ihre Heimatuniversität zurück. Der dynamisierende Effekt, den jährlich ca. 500 Kommilitonen, die aus dem Ausland zurückkehren, auf die daheimgebliebenen Studierenden haben, verspürt man in Passaus Universitätsgebäuden überall: in der Mensa, im Hörsaal, auf den Gängen, wo die Heimkehrer und die Wegfahrer begeistert und ansteckend euphorisch ihre Erwartungen und Erfahrungen in und mit der Fremde den Daheimgebliebenen in glühenden Farben schildern.

Passauer „Filialen" in aller Welt

Einige Passauer Absolventen lässt die eingangs erwähnte Unruhe auch nach Beendigung ihres Studiums nicht los. Ob in Toulouse bei Airbus, im australischen Melbourne bei General Motors oder bei Siemens in Singapur, die Arbeitsplätze unserer Ehemaligen liegen über die ganze Welt verstreut. Die Ehemaligen-Stammtische des Passauer Ehemaligenvereins in Amsterdam, Brüssel, Budapest, London, Luxemburg, New York, Paris, Prag, Singapur, Seoul und Wien dienen dabei als wichtige Kontaktstellen zu unserer Universität. Auch Firmengründungen zählen zu den Aktivitäten der Passauer im Ausland. So gehen etwa ein Tourismusunternehmen in Ecuador und eine Event-Markting-Agentur in Rom auf die Gründer-Initiative ehemaliger Passauer zurück. Nicolas Schreiber ist nicht nur Geschäftsführer einer bekannten Lebensmittelfirma in Oberitalien, auch sein eigener Lebensmittelpunkt (samt italienischer Frau) liegt dort. Fritz Audebert schließlich hatte die pfiffige Geschäftsidee, die Auslandskompetenz der Passauer Studenten und Absolventen als interkulturelle Dienstleistungen deutschen Firmen im Ausland anzubieten, mit wachsendem Erfolg, wie man hört.

Das süße Band der Auslandsliebe

Natürlich bringt ein Auslandsstudium nicht nur universitäre Leistungsnachweise, noch dazu beinahe kostenlos, nach Passau. Menschliches, viel Menschliches wird geerntet, erlebt und bringt viel Fremdes, das in kurzer Zeit anheimelnd wirkt, in Passaus Studentenbuden, Kneipen und Straßen. Mehr noch, die Liebe zum Ausland führt gar nicht so selten zu einer kleinen, aber interessanten Vermehrung der Passauer Bevölkerung. Die Zahl derer, die während ihres Auslandsaufenthalts ihren künftigen Ehe- oder Lebenspartner kennen gelernt haben, ist gar nicht so gering. So müssen manchmal jahrelange Fernbeziehungen, etwa Passau – Málaga, gepflegt werden. Andererseits sorgt der Nachzug manch ausländischer Männer oder Frauen nach Passau oder aber der Umzug der Passauer in ihr ehemaliges Gastgeberland für hoch interessante interkulturelle Ehen und den entsprechenden Nachwuchs. Lebensgeschichten wie die des Passauer Jura-Studenten, der seiner Traumfrau beim Auslandspraktikum in Schanghai begegnet und mit ihr nun in Passau lebt, wo sie inzwischen Betriebwirtschaftslehre studiert, oder die der Passauer Kulturwirtin, die zu ihrem Ehemann nach Quito in Ecuador zieht und mit ihm gemeinsam ein Unternehmen leitet, sind zwar noch die Ausnahme, zeigen aber auch sehr deutlich, wie sehr die Passauer Studenten mittlerweile mit dem Ausland „verbandelt" sind.

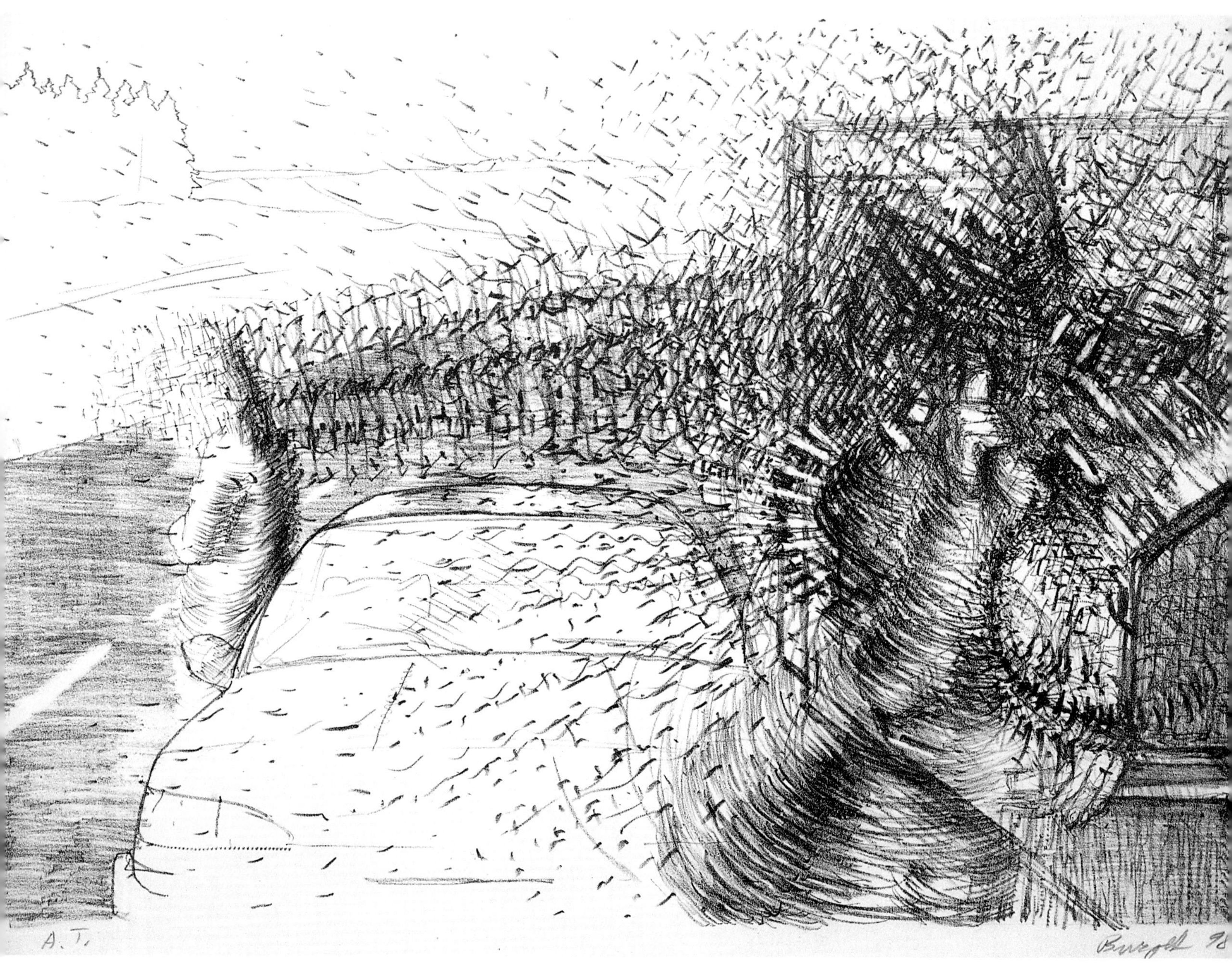
A.T.

Oswald Miedl

„Saxa loquuntur – Die Steine sprechen"

Grenzüberschreitende Symposien für Lithographie auf Schloss Sigharting

Wo die Steine sprechen

In dem kleinen Innviertler Dorf Sigharting, ca. zwölf Kilometer südöstlich von Schärding in einer sanften Talmulde gelegen, steht unmittelbar neben der Kirche ein Renaissance-Schloss von etwa 1570: Ein kompakter quadratischer Baukörper mit Kegeldächern über reizvollen runden Ecktürmen an der Nordseite und rundem Eckerkern im Süden. Das Portal im Norden zeigt an der Außenseite Wappensteine aus der Erbauungszeit. Nach der gewölbten Durchfahrt öffnet sich ein kleiner Hof mit Arkaden. Sie laufen in drei Geschossen über zwei Seiten des Hofes. Die Balustraden sind im Sommer stets reich mit Blumen geschmückt. Das Brunnenbecken im Hof sowie das schilfbewachsene Umfeld im Süden und Osten des Schlosses lassen noch den Ursprung des Bauwerks als Wasserschloss erkennen.

Vom Hof aus gelangt man über breite, steile Treppen in die oberen Geschosse. Im ersten sind Seminarräume, Bibliothek und Galerie; im zweiten ist die Werkstätte für Hoch-, Tief- und Flachdruck eingerichtet, wobei letztere Technik ausstattungsmäßig dominiert.

In zwei Räumen stehen fünf Lithopressen (Format 70 x 50 cm); zusätzlich gibt es eine Tiefdruckpresse für Radierungen (Format 45 x 35 cm); alles natürlich mit nötigem Zubehör (Steine, Werkzeuge, Farben …). Neben dieser eigentlichen Werkstätte steht das ganze zweite Obergeschoss zur Verfügung: fünf weitere große Ateliers, insgesamt eine Fläche von rund 400 qm. Die Räume sind von elementarer Klarheit und Nüchternheit: z. T. noch alte Holzbohlen-Böden und hoch liegende Balkendecken, die Wände unverputztes weißgetünchtes Mauerwerk; nur die notwendigste Einrichtung: große schwere Tische, Portabeln, Staffeleien … alles mit sympathischer Benutzungspatina. In die fast saalartigen wohlproportionierten Räume fließt durch die Fenster hinreichend Licht. Dem spröden Charme und Reiz der Räume kann sich kaum jemand, der aufs Schloss kommt, entziehen. – Das Schloss und die

Michal Burget

Werkstätten insgesamt: Ein „Ort“ mit Atmosphäre und Ausstrahlung.

Die Teilnehmer

Auf dem zwischen Kirche und Schloss gelegenen Dorfplatz von Sigharting entsteigen seit nunmehr zehn Jahren jeweils an Montag-Vormittagen im Sommer junge Leute einigen Autos. Deren Kennzeichen zeigen: Sie kommen aus Deutschland, Tschechien, Österreich, neuerdings auch aus Ungarn. – Sie begrüßen einander, stellen sich vor und „rücken dann ein“ ins Schloss, mit großen Graphik-Mappen, um in den hier befindlichen Werkstätten und Ateliers eine Woche lang künstlerisch zu arbeiten – genauer: um zu lithographieren. Denn seit 1995 führt der Lehrstuhl für Kunsterziehung an der Universität Passau in Kooperation mit

dem „Kulturverein Schloss Sigharting“ außerhalb der offiziellen Vorlesungszeiten im Sommer eine spezielle Veranstaltung durch: „Grenzüberschreitende Symposien für Lithographie“.

Das Projekt und sein Ausgangspunkt

Ausgangspunkt dieses Unterfangens war eine vom „Kulturverein Schloss Sigharting“ ausgesprochene Einladung an Passauer Kunst-Studierende zu einem verlängerten Lithographie-Wochenende im Sommersemester 1994. – Die Möglichkeit einer Zusammenarbeit hatte sich ergeben, da der Verfasser dieses Berichtes zu Prof. Alfred Billy, dem Leiter der Lithographie-Werkstätte Sigharting, seit langem gute Beziehungen hat. Der Kulturverein als Betreiber der Werkstätte bemühte sich damals aus Anlass sei-

Schloss Sigharting

nes zehnjährigen Bestehens um die Erweiterung seiner Kontakte und seines Wirkungskreises.

Zu diesem Zeitpunkt wurde auch die Idee des „Grenzüberschreitenden Symposiums“ geboren, diskutiert und für das kommende Jahr ins Auge gefasst. Noch war nicht abzusehen, dass daraus ein „Langzeit-Projekt“ werden sollte. Im September 1995 wurde die Veranstaltung das erste Mal durchgeführt: Zwölf SymposiumsteilnehmerInnen arbeiteten eine Woche lang in der Litho-Werkstätte.

Das Projekt entsprach den Anliegen und Absichten des Kunst-Lehrstuhls, über die Universität hinaus auch im kulturellen Umfeld tätig und wirksam zu sein. Der Lehrstuhl pflegt zu Stadt und Region Passau kontinuierliche Verbindungen: Nicht nur im engeren schulisch-pädagogischen Feld durch die Zusammenkünfte von Lehrerinnen und Lehrern in den Räumen der Kunsterziehung zu didaktischen Gesprächen und Tätigkeiten, sondern auch durch Aktivitäten im künstlerischen Bereich. Die hier tätigen Dozentinnen und Dozenten – und z. T. auch Magister-Studierende höheren

Anja Trudel (links)

Joachim Lindmeier (rechts)

Semesters – sind immer wieder auch als Künstlerinnen und Künstler präsent.

Durch die Symposien für Lithographie gingen nun die Kontakte des Lehrstuhls über Stadt und Region hinaus zu den Nachbarn Tschechien, Österreich und seit drei Jahren auch Ungarn. Es trafen sich also hier die Interessen des Kunstlehrstuhls (sowie der Universität) mit denen des Kulturvereines. Wie die Bezeichnung des Vereines schon erkennen lässt, war er gegründet worden, um das Schloss kultureller Nutzung zuzuführen.

Die Einrichtung der Werkstätte erfolgte nach der Renovierung des Schlosses, die 1985 abgeschlossen war. Als Obmann des damals gegründeten „Kulturvereines Schloss Sigharting" fungiert Hofrat Dr. Alfred Kimberger, der erst unlängst pensionierte Bezirkshauptmann von Schärding. Die bildende Kunst spielt bei der kulturellen Nutzung des Schlosses eine dominierende Rolle.

Die Druckwerkstätte

Die zeitlich ausgedehntesten und auch am konsequentest wahrgenommenen künstlerischen Tätig-

Anja Kutzki (links)

Dagmar Brichcinová

keiten sind jene in der Druckwerkstätte. Das ist gewiß auch auf deren künstlerischen Leiter zurückzuführen. Prof. Alfred Billy kümmerte sich schon 1985 um ihre Ausstattung. Der erfahrene und renommierte Lithograph war 35 Jahre als Leiter und Lehrer der Abteilung für künstlerische Druckgraphik und Typographie an der Hochschule für künstlerische und industrielle Gestaltung in Linz tätig. Er arbeitete mit vielen angesehenen Künstlern zusammen und druckte deren Werke: Attersee, Damisch, Fröhlich, Kokoschka, Kubin, Luginbühl, Messensee, Plessi, Reiter, A. Riedl, Staudacher, Zechyr … Prof. Billy ist während der Symposiumswochen der unermüdliche und unersetzliche Lehrmeister v. a. in Belangen der Drucktechnik; aber selbst hinsichtlich gestalterischer Fragen, etwa Farbentscheidungen, exakte Mischung von Farben … verfügt er aufgrund seiner immensen Erfahrung über fraglose Beratungskompetenz. Er wird von den Studierenden überaus geschätzt, und auch er sagt, dass er die Arbeit und den Kontakt mit ihnen während dieser Tage intensiver künstlerischer Tätigkeit sehr mag.

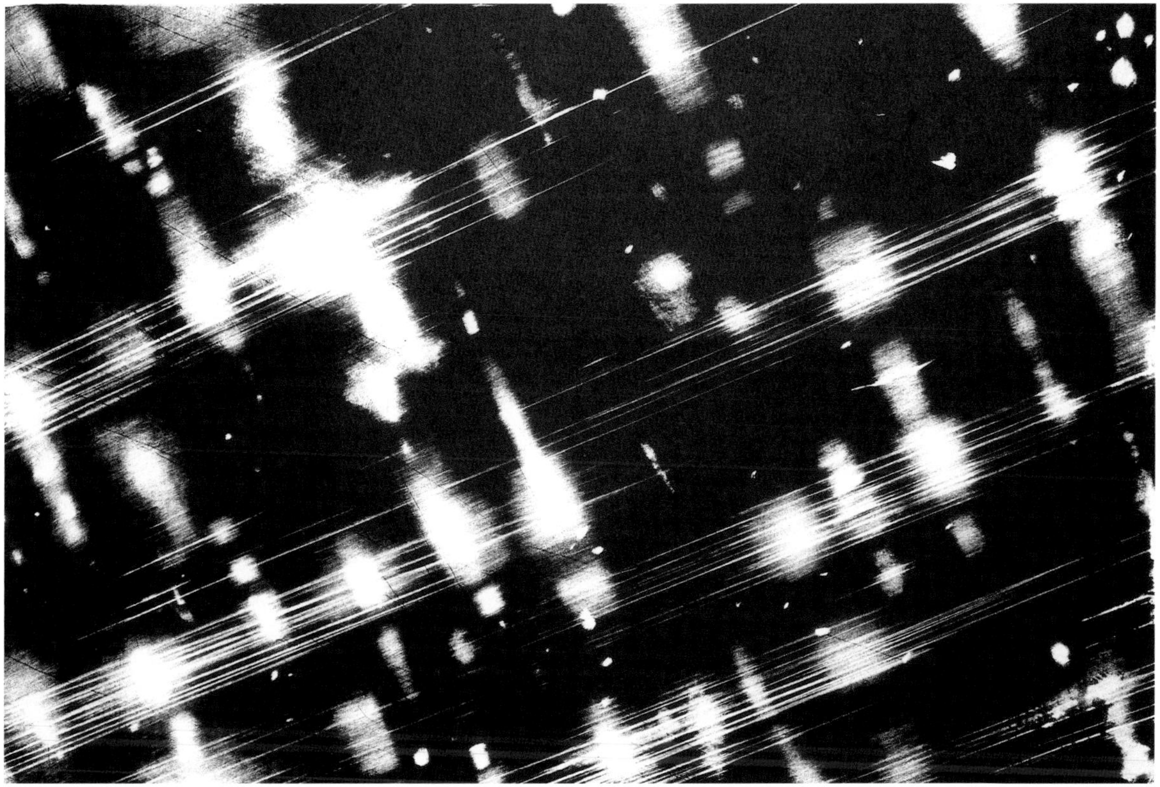

Die Symposien

Beim ersten Symposium (1995) waren sieben Passauer Studierende, zwei österreichische und drei tschechische KünstlerInnen beteiligt. In den folgenden Jahren variierten die Teilnehmerzahlen wie auch die Anzahl der Symposiumswochen. Von 1995 bis 2003 haben auf insgesamt 133 Symposiumsplätzen 86 Studierende und KünstlerInnen lithographiert. Zahlen, die sich durch die wiederholte Teilnahme meist von Studierenden ergeben. Es sind dies übrigens v. a. Studierende des Magister-Studienganges, die hier eine Möglichkeit zu künstlerisch-technischer Akzentsetzung erhalten.

Es ist erfreulich, dass auch schon Studierende und KünstlerInnen mit dabei waren, die bei dem von der Sparkasse Passau ausgeschriebenen Kunstpreis „Junge Kunst" für Niederbayern, Oberösterreich und Südböhmen als Preisträger erfolgreich waren: Anja Kutzki, Joachim Lindmayr und Thomas Scharrenbroich (Studierende) sowie Dagmar Brichcinová, eine Künstlerin aus Budweis.

Jitka Anlaufová

Die tschechischen KünstlerInnen wurden zunächst eingeladen durch die Vermittlung von Frau Hana Jirmousová, der organisatorischen Leiterin des Egon-Schiele-Zentrums in Krumau. Dann ergab sich aufgrund neu gewonnener Beziehungen z. B. mit der Kunstakademie in Prag die Möglichkeit direkter Einladungen. Auch Herr Hubert Huber und Herr Christian Zeitler (vom Berufsverband Bildender Künstler/Bayern) waren schon behilflich aufgrund ihrer Kontakte. Die KünstlerInnen kamen z. T. aus Südböhmen, aber auch aus Prag und Nordböhmen. – Die Einladungen an österreichische und ungarische KünstlerInnen ergingen infolge persönlicher Kontakte zum Passauer Kunstlehrstuhl.

Die Lithographien

Wenn sich die Symposiums-TeilnehmerInnen treffen, gilt es – falls noch keine Erfahrung mit der Technik der Lithographie vorhanden ist – allerhand zu lernen. Die Lithographie ist ein Flachdruckverfahren, das doch sehr differenzierter Vorgangsweisen und der Handhabung spezieller Gerätschaften bedarf. – Beim Hochdruck (Holz- und Linolschnitt) sind die druckenden Partien wie bei einem Stempel erhöht, die nichtdruckenden wurden weggeschnitten.

Bei den Tiefdrucktechniken (Kupferstich sowie verschiedene Verfahren der Radierung) werden die in den (Metall-)Plattengrund mechanisch oder chemisch eingetieften Linien mit Farbe ausgefüllt und geben sie unter hohem Walzendruck an das Papier ab.

Beim Flachdruckverfahren der Lithographie wird weder geschnitten, noch graviert oder geätzt; die druckenden und nichtdruckenden Partien liegen vielmehr in einer Ebene und sind chemisch voneinander getrennt. „Der Druckvorgang beruht auf der bekannten Tatsache, dass Fett Wasser abstößt.“ (Billy im Kat. Passau 2000.) Druckträger sind etwa 6 – 12 cm dicke kohlensaure Kalkschieferplatten, die in Solnhofen und Kelheim abgebaut werden. Zuerst muss die Steinoberfläche völlig plan geschliffen werden. Dann wird darauf mit einer fetten Substanz (Lithokreide, Lithotusche) gezeichnet. Wenn anschließend der Stein mit Salpetersäure und Gummi-arabicum chemisch präpariert wird, dringt die fetthaltige Zeichnung tief in die feinen Poren des Steines ein, während die nichtbezeichneten Stellen wasseraufnahmefähig werden. Trägt man nun mit einer Walze Druckfarbe auf, muss der Stein feucht sein: So nimmt nur die Zeichnung die fette Farbe an, von den nichtbezeichneten Flächen wird sie jedoch abgestoßen. Nachdem Papier auf den Stein gelegt wurde, kann man diesen unter großem Druck mittels Handkurbel durch die Lithopresse ziehen: Der erste Druck ist fertig. – Diese hier nur prinzipiell und vereinfacht geschilderte Vorgangsweise läßt viele Variationen zu. Prof. Billy beherrscht vielfältigste Verfahren auch in Kombination, und nach elementaren Kenntnissen führt er Studierende wie Künstler immer wieder zu differenzierteren technischen Arbeitsweisen. Wenn etwa eine bestimmte bildnerische Vorstellung geäußert wird, deren Verwirklichung noch unklar ist, empfiehlt Prof. Billy eine entsprechende technische Vorgangsweise.

Die Arbeit und das Zusammenleben

Die Tätigkeit in der Lithowerkstätte beginnt täglich um 9 Uhr und endet um 17 Uhr. Die Mittagspause wird nicht selten durchgearbeitet oder verkürzt – mit einer Wurstsemmel oder „Manner-Schnitte" in der Linken wird weitergezeichnet … Die Arbeitsatmosphäre ist sehr anregend, v. a. durch die Kontakte mit noch unbekannten Künstlerinnen und Künstlern. Die kurze Beschreibung der technischen Prozeduren dürfte klar gemacht haben, dass sie oft der Zusammenarbeit bedürfen: beim Transport der Steine (bis zu 60 kg); bei gegenseitigen Beratungen und Hilfestellungen bezüglich nächster Arbeitsschritte oder auch formal-gestalterischer Entscheidungen.

Man kommt also ins Gespräch, anfangs – besonders wenn Sprachbarrieren bestehen oder Englisch als Brückensprache dient – eher mühsam und zögernd; aber im Laufe der Woche kommt man sich näher, pflegt mehr und mehr den Austausch von Gedanken, Ansichten, Erfahrungen – auch im Hinblick auf jeweils entstehende Arbeiten; äußert, was besonders gelungen erscheint … und setzt das Gespräch beim mittäglichen oder abendlichen Tisch im nahegelegenen Gasthaus fort und erweitert seinen Horizont: erfährt über Ausbildungsmodalitäten, Arbeits- und Lebensumstände anderwärts.

Beim Arbeiten in der Werkstätte liegen Erfolg und Misserfolg oft nahe beieinander: eine Zeichnung, die am Stein gut aussah, kann als Druck enttäuschend sein, wenn man z. B. den – übrigens Kräfte raubenden – Vorgang des Druckens noch zu wenig beherrscht. Dann bedarf es oft des Rates und der Hilfe von erfahreneren Kollegen.

Gegen Ende der Woche steigert sich der Arbeitswille oft regelrecht zur „Arbeitswut": überpünktliches Erscheinen am Morgen, um gleich an die Presse zu kommen, Arbeit mitunter bis in die Nachtstunden … Die Ergebnisse können sich sehen lassen: Im Laufe der Woche werden die entstandenen Drucke meist in Auflagen bis zu zehn Exemplaren in den großen Atelierräumen zum Trocknen, aber auch zufriedenen Begutachten aufgelegt. Dabei zeigt sich auch die Tatsache, dass die Ergebnisse ein abwechslungsreiches, von individueller Formgebung geprägtes Bild bieten.

Die Arbeitsergebnisse und ihre ersten Betrachter

Wenn also gegen Ende des Symposiums die vielfältigen und zahlreichen Ergebnisse in den Ateliers aufgelegt sind, kommen Donnerstag Nachmittag meist Gäste, um zu schauen, was im Laufe der Woche entstanden ist: Herr Hofrat Dr. Kimberger, der Altkanzler der Universität Passau, Herr Dr. Karl August Friedrichs, und Herr Kanzler Ludwig Bloch, Frau Herta Ostermünchner … Diese Damen und Herren sind für die Durchführung der Symposien von Wichtigkeit: Herr Kanzler Dr. Friedrichs hat für die Teilnahme der Passauer Kunststudierenden die finanzielle Unterstützung in den ersten Jahren seitens der Universität gesichert. Das war nicht stets im gleichen Ausmaß, aber doch Jahr für Jahr möglich. Diesbezüglich war auch das gute Einvernehmen mit Herrn Hofrat Dr. Kimberger von Nutzen. Herr Kanzler Bloch trägt nun schon seit einigen Jahren zur Durchführung der Symposien bei und begleitet sie mit Aufgeschlossenheit, Interesse und Wohlwollen. Frau Herta Ostermünchner als Geschäftsführerin des Kulturvereines ist einerseits für organisatorische Belange verantwortlich: für die Materialbeschaffungen, für die Kooperation mit dem Passauer Kunstlehrstuhl; und andererseits für die Bereitstellung und Sicherung der großzügigen Unterstützung der ausländischen Künstlerinnen und Künstler durch das Kulturinstitut des Landes Oberösterreich.

Diese um das Symposium verdienten Personen interessieren sich also für die Arbeitsergebnisse. Fast immer bleiben sie auch zum gemeinsamen abschließenden Abendessen mit allen TeilnehmerInnen bei Innviertler Kost, wozu der Kulturverein ins Unterkunftsgasthaus einlädt.

Dennoch wird am Freitag immer intensiv, oft sogar hektisch gedruckt, um noch Arbeiten fertigzustellen. – Aber es stehen auch andere Notwendigkeiten an: Nummerieren und Signieren der Drucke, Abgabe von Belegexemplaren der angefertigten Auflagen an den Werkstättenleiter (sie werden auch für Ausstellungen benötigt), Aufräumen der Werkstätte …

Wenn man sich die berechtigte Frage stellt, was das eigentlich Faszinierende und auch der Sinn dieser Symposien sind, so gibt es darauf wohl mehrere, sehr verschiedene Antworten.

Das Faszinosum grenzüberschreitender Gemeinsamkeiten

Da ist einmal die Tatsche zu nennen, dass durch die Kontakte über die Grenzen hinweg eine gegenseitige Bereicherung und Anregung erfolgt.

Es sind daraus auch schon freundschaftliche Beziehungen erwachsen. Es ergaben sich bereits künstlerische Austauschprojekte und gegenseitige Einladungen. Die Pflege des Austausches und der Begegnung kann auch als Fortführung langer historischer Traditionen betrachtet werden. Was mehrere Jahrzehnte hindurch so brutal und schmerzlich unterbrochen war, ist nun wieder möglich.

Es gibt jahrhundertealte Gemeinsamkeiten und Verbindungen auf wirtschaftlichem, religiösem und kulturellem Gebiet zwischen den am Symposium beteiligten Ländern.

Passau hat innerhalb Deutschlands – gerade für die jetzt nach Osten erweiterte Europäische Union – einen idealen Standort, um Kontakte über die Grenzen hinweg zu suchen und zu pflegen. Gerade auf künstlerisch-kulturellem Gebiet erscheint es nötig, Beziehungen zu unterhalten, damit in einem gemeinsamen Europa nicht nur die wirtschaftlich-pekuniären Interessen gesehen, sondern auch die gemeinsamen geistig-kulturellen Wurzeln bewußt und zugleich die Unterschiede wahrgenommen werden, die seit vielen Jahrhunderten zu Europas Reichtum und Fülle, Vielgestaltigkeit und Lebendigkeit führen.

Das Faszinosum von Kunst und Lithographie

Zugegeben: So „weitreichend" denkt man nicht, während man lithographiert. – Da gibt es Näherliegendes und einen ganz unmittelbar Betreffendes: Es fesselt das künstlerische Tun mit seiner Spannung zwischen der Genugtuung und dem Glücksgefühl des möglichen Gelingens und dem Misserfolg. Diese positive Anspannung ist erfahrungsgemäß bei einer so sehr konzentrierten Arbeitswoche besonders intensiv gegeben. Die ungemein vielfältigen technischen und gestalterischen Möglichkeiten der Lithographie sind fesselnd. Dieses vor gut zweihundert Jahren erfundene Verfahren ist in seinen künstlerischen Ausdrucksmöglichkeiten noch keineswegs ausgereizt. Besonders die Moderne hat eine Fülle neuer Spielarten gerade auf dem Gebiet experimentellen Vorgehens und des gestalterischen Einsatzes von schon vorhandenen Bildern entwickelt. Zwar können heute ähnliche gestalterische Ergebnisse auch am Computer erzielt werden; was aber die Lithographie der Fixierung auf den Bildschirm – und damit ausschließlich auf den Sehsinn – voraus hat, sind Erlebnisse und Erfahrungen in einem bedeutend weiter gefaßten multisensorischen Handlungsfeld: angefangen vom singenden Geräusch des Steineschleifens, dem Geruch von nassem Kalkstein, Lithokreiden und Druckfarben, über die „Schwere" des Steines und dessen wunderschöner Oberfläche in geschliffenem Zustand … bis zur Tätigkeit des anstrengenden Druckens. Dies alles in Zusammenhang mit der geistig-imaginativen Anspannung künstlerischer Gestaltung ermöglicht eine unvergleichliche „Rundheit" und Ausgewogenheit des Tuns, die – bei Gelingen des Werkes – ungemein erfüllend und befriedigend empfunden wird. So faszinierend und großartig in der Gegenwartskunst die Möglichkeiten der Computer-generierten Bildkunst oder von Kunst im Internet sind –, als Gegenpol zu ihrer Tendenz zur Immaterialität bleibt doch die Präsenz des Materials, der sinnliche Umgang mit ihm als eine anthropologische Konstante und Notwendigkeit. Auch das zeigt die Gegenwartskunst (von Joseph Beuys über Richard Long bis zu Antoni Tàpies).

Bleibt noch zu ergänzen, dass die Arbeitsergebnisse der Symposien schon wiederholt in Ausstellungen präsentiert wurden:

1995 Zentralbibliothek der Universität Passau
1998 Zentralbibliothek der Universität Passau,
2000 Forum Sparkasse Passau,
2002 Landeskulturzentrum Linz Galerie CdB,
2003 Atelierpräsentation Kunstlehrstuhl Universität Passau,
2003 Galerie Passepartout Linz
2004 Stadtgalerie Roudnice/Tschechien.

Als Dokumentation erschienen:

Katalog: Fünf Jahre grenzüberschreitende Symposien für Lithographie, Passau 2000
Jahresbericht des „Clubs der Begegnung", Linz 2002
„Symposien für Lithographie auf Schloss Sigharting" in Passauer Kunstblätter 31: 1/2003 S. 18 – 21

Feierliche Enthüllung

der dem Andenken Weiland Ihrer Majestät der

Kaiserin Elisabeth von Oesterreich

in der Stadt Passau

errichteten Gedenktafel.

Fest-Programm.

Peter Claus Hartmann

Triumphzug einer bayerischen Prinzessin

Die Brautfahrt der späteren Kaiserin Elisabeth von Österreich („Sissi") 1854

Wer in der Dreiflüssestadt Passau am Rathausturm vorbeigeht, erblickt auf der Donauseite eine dort angebrachte kunstvolle und ansprechende Gedenktafel aus Bronze. Im Zentrum sieht man dort in ovalem Rahmen eine wunderschöne junge Frau mit Krone auf dem Haupt, rechts und links jeweils von einem girlandenhaltenden Engel begleitet und oben von zwei Putten abgeschlossen, welche die österreichische Kaiserkrone in Händen halten. Dieses bronzene Halbrelief aus dem Jahre 1904 bildet einen Blickfang für jeden historisch Interessierten, der sich selbstverständlich auch daran macht, die Inschrift zu lesen. Dort heißt es in der Anfang des 20. Jahrhunderts üblichen, für uns heute altertümlichen und geschraubt anmutenden Sprache: „Dem Andenken Weiland/ Ihrer Majestät der Kaiserin/ Elisabeth/ Höchstwelche am 21. April 1854/ Auf Ihrer Donau-Brautfahrt/ Nach Wien hier in Passau von den /Bayerischen Landen Abschied/ Nahm/ Errichtet 1904."

Was muss im Inneren der 16-jährigen Prinzessin vorgegangen sein, als sie mit dem Schiff die Grenzstadt ihres Heimatlandes erreichte und dieses verließ, um ihrer bedeutenden politischen Aufgabe in der großen Hauptstadt der Österreichisch-Ungarischen Monarchie, d. h. in der Millionenstadt Wien, entgegenzufahren.

Geboren am 24. Dezember 1837 in München, war Elisabeth als zweite Tochter des volkstümlichen Herzogs Maximilian in Bayern (1808 – 1888) und der Herzogin Ludovika von Bayern, einer Schwester König Ludwigs I., im kleinen Schloss Possenhofen am Starnberger See mit ihren sieben Geschwistern in relativ einfacher, natürlicher Umgebung aufgewachsen.

Im Sommer 1853 kam die 15-jährige Prinzessin mit ihrer Mutter Ludovika und ihrer älteren Schwester Helene auf Einladung ihrer Tante Sophie nach Bad Ischl in Oberösterreich. Die Erzherzogin Sophie, eine Schwester von Ludovika, die Mutter des 1830 geborenen jungen Kaisers Franz Joseph, wollte die beiden Cousinen und besonders die als Ehefrau vorgesehene Helene dem 23-jährigen Monarchen vorstellen. Aber dieser

Büste der Kaiserin Elisabeth von Österreich von Edmund Helmer, 1900

Porzellanteller mit aufwändiger Goldbemalung und Portrait der Kaiserin Elisabeth von Österreich

verliebte sich in die jüngere Schwester und erbat sie sich sofort zur Ehefrau, worauf man schon den 24. April 1854 als Termin für die Trauung in Wien festlegte.

Beifall und Jubel an den Ufern von Donau und Isar

Für die junge Braut wurde es im April 1854 ernst, und sie reiste in sechsspänniger königlicher Karosse von Possenhofen und München, auf ihrem Weg überall von den Menschen mit Beifall überschüttet und mit Jubel bedacht, die Isar entlang nach Deggendorf. Dort bestieg sie das festlich mit Girlanden und Fahnen geschmückte Dampfschiff „Stadt Regensburg“ und fuhr, von der Bevölkerung auf beiden Ufern der Donau freudig begrüßt, nach Passau, wo sie am 21. April um Viertel nach zwei Uhr, begleitet von ihren Eltern, dem Bruder Herzog Ludwig, der Schwester Prinzessin Helene und einem großen Gefolge ankam. Dort erwartete sie neben einer festlichen Abordnung der Stadt auch der österreichische Dampfer „Diana“, der, wie die Linzer Zeitung vom 23. April 1854 berichtete, „in sinniger Weise mit Blumen, Kränzen, Festons und auf den beiden Räderkasten mit Fahnen in den kaiserlichen Landes- und baierischen Farben geschmückt“ war. Außerdem hatte man die kaiserlichen Adler sowie das bayerische Wappen und „das des Erzherzogthums Oesterreich“ am Schiff angebracht. Auf diesem Dampfer, der bereits am 20. April von Linz aus in die Dreiflüssestadt aufgebrochen war, befand sich eine oberösterreichische Deputation aus 26 Mitgliedern, die kamen, wie es in der damaligen Zeitung hieß, um „mit allerhöchster Genehmigung Sr. k. k. Majestät der durchlauchtigsten künftigen Landesmutter die erste Begrüßung des Landes ehrerbietigst zu Füßen zu legen“. Die Deputation bestand aus den Vertretern der aus der frühen Neuzeit überkommenen vier Stände des Landes ob der Enns, des Prälaten, Herren-, Ritter- und Bürgerstandes. Das waren damals der Abt des Stiftes Schlägl, Dominik Lebschy, gleichzeitig „Präsident-Stellvertreter des vereinigten Landes-Collegiums“, ferner Thomas Mitterndorfer, Abt des Stiftes Kremsmünster, Alois Dorfer, Abt des Stiftes Wilhering, außerdem der „Dom-Scholastikus“ Franz Rieder und die Domherren Joseph Strigel und Joseph Vogel.

Als Vertreter des oberösterreichischen Herrenstandes waren erschienen der „Obersterbland-Hofmeister“ und „k. k. Kämmerer und Oberstlieutenant“ Johann Graf von Weissenwolf, ferner die Fürsten Gustav von Lamberg und Vincenz von Auersperg, der „Oberst-Erbland-Mundschenk, ständischer Ausschußrath“ Adolph Ludwig Graf von Barth-Barthenheim, der „Erbland-Marschall“ Camillo Graf von Starhemberg, außerdem Anton Graf von Revertera und Maximilian Freiherr von Handel „k. k. Gesandter in Stuttgart“.

Als Vertreter des Ritterstandes befanden sich der k. k. Landesgerichtsrat Karl Ritter von Schmelzing, der k. k. Oberstwachtmeister Johann Ritter von Sonnenstein sowie der Gutsbesitzer Ludwig Ratzesberg auf dem Schiff, und als Deputierte des Bürger- und Beamtenstandes der Gemeinde-

Elisabeth 1855. Gemälde von Franz Schrotzberg

Gedenktafel in Passau

rat und Direktor des „Taubstummen-Instituts in Linz“ Johann Aichinger, der „Vice-Präsident der Handelskammer“ Anton Pummerer, der Fabrikbesitzer Franz Honauer, der Linzer Gemeinderat Gottlieb Weinberger sowie die Bürgermeister der Städte Ried, Wels, Freistadt, Ischl und zwei Vertreter der Stadt Steyr.

Die Dreiflüssestadt Passau war damals festlich geschmückt, und am Ufer „wogte eine große Menschenmenge den Ankommenden entgegenharrend“, wie die Zeitung schrieb. Natürlich wehten „kaiserliche und baierische Fahnen“ überall „an allen erhöhten Puncten“ der Stadt, und selbstverständlich ließen es sich die Bevölkerung und die angetretenen Honoratioren der Stadt nicht nehmen, zunächst die vorher eingetroffene oberösterreichische Deputation auf dem Schiff „Diana“ freundlich zu begrüßen, und der Bürgermeister Dominikus Praßlsberger hielt an Bord des Dampfers eine Ansprache, „die vom Führer derselben [Deputation], dem Herren Abt Dominik von Schlägl beantwortet wurde“.

Die Passauer Abordnung bestand damals neben dem Bürgermeister aus dem Bischof von Passau, dem wegen seiner konservativen Einstellung deutschlandweit bekannten Heinrich von Hofstätter, dem Regierungspräsidenten von Niederbayern von Bening, dem Appellationsgerichtspräsidenten Freiherr von Wulffen, dem königlichen Stadt- und Festungskommandanten Generalmajor Freiherr von Magerl, dem königlichen Regimentskommandanten Oberst Freiherr von Asch und dem königlichen Stadtkommissär und Landrichter Taucher. Nach der Ankunft des Dampfers „Stadt Regensburg“ empfing die zukünftige Kaiserin die Passauer Delegation auf dem Schiff. Dort hielt Bürgermeister Praßlsberger eine kurze Ansprache, um die „Segenswünsche seiner Stadt zum Ausdruck zu bringen“. Hierauf bedankte sich die junge Prinzessin freundlich für die „ihr entgegengebrachte Huldigung“. In Passau empfing Elisabeth auch die oberösterreichische Deputation des Dampfschiffes „Diana“ und nahm die „von derselben überreichte Adresse huld-

Im Passauer Glasmuseum: 8-teilige Reise-Toilettengarnitur in der originalen Lederschatulle aus dem persönlichen Besitz der Kaiserin Elisabeth von Österreich: 7 Glasgefäße mit Silberdeckel, 1 Handspiegel, farbloses Glas mit Silberdeckel mit aufgelegtem Monogramm, Schatulle mit Leder bezogen und mit Hirschleder ausgekleidet.

reichst entgegen". In dieser von den Mitgliedern der „oberösterreichischen Deputation" unterschriebenen und mit Linz, am 19. April 1854 datierten Huldigungsadresse stand geschrieben:

„Eure königliche Hoheit!
Durchlauchtigste Herzogin"
Beim Eintritte in den Kaiserstaat begrüßt freudigst und ehrerbietigst das oberösterreichische Land die durchlauchtigste Braut unseres Kaisers und Herrn, bald unsere heißersehnte Landesmutter.

Freundlich wie unsere Fluren, nie wankend wie unsere Berge ist in Biedersinn und Treue das oberösterreichische Volk, – tief empfunden in unseren Herzen ist das Willkommen, das Euer königlicher Hoheit entgegenjauchzt."

Überschwängliche Begrüßung

Nach diesen überschwänglichen Begrüßungssätzen folgen politische Passagen zu den guten österreichisch-bayerischen Beziehungen, die durch diese immer auch politische Eheschließung von Monarchen gefestigt werden sollte.

Elisabeth um 1890 im Programmheft zur Einweihung der Gedenktafel in Passau 1904

Es hieß:
„Freundnachbarlich in Baiern, Ihrem Wiegenlande, durchlauchtigste Herzogin, begegnen sich unsere Grenzen, unsere Gewässer, dort wird die Donau zum mächtigen österreichischen Strome, der seinen Segen weithin trägt unter die kaiserlichen Völker.
Also wird das Band, das die erlauchte Tochter der Wittelsbacher um Habsburgs Felsenstamm schlingt, Glück und Segen Ihm bringen und uns, – von Engelshand kommt nur Gutes."

Schließlich folgt die eigentliche Huldigung:
„Geruhen Eure königliche Hoheit diese ehrfurchtsvollen Empfindungen huldreichst anzunehmen. Der durchlauchtigsten Frau, welche die Größe unseres Kaisers und Herren theilen wird, gehört unsere Liebe, unser Vertrauen, unser Gut und Blut.
Gott segne Eure königliche Hoheit.
In tiefster Unterthänigkeit."

Weltausstellungsvase mit Portrait der Kaiserin Elisabeth von Österreich

Diese beiden Huldigungsbesuche der Passauer und der Oberösterreichischen Deputation müssen extrem kurz gewesen sein; denn die Linzer Zeitung berichtete, dass „Ihre königliche Hohheit die durchlauchtigste Prinzessin in Begleitung des österreichischen Dampfschiffes ‚Diana' ihre Reise schon um Halbdrei", also eine viertel Stunde nach der Ankunft in Passau fortgesetzt habe. Dies geschah unter „Hochrufen der Bevölkerung und Böllerschüssen", die vom Oberhaus aus gezündet wurden. Die beiden Dampfer fuhren am Musikkorps vorbei, das aufspielte und am „Chor der Liedertafel", der zu Ehren der kaiserlichen Braut sang. Zunächst führte der Weg am rechten Ufer schon durch österreichisches, am linken aber noch über Obernzell durch bayerisches Gebiet. Als dann auf der Höhe des Klosters Engelszell auf beiden Seiten des Stroms österreichisches Land kam, erwartete das bayerische Schiff und die „Diana" ein „zweites festlich geschmücktes Dampfboot ‚Hermine'" mit Linzer Bürgern und Honoratioren am Grenzort Engelhartszell, „um", wie es in der Zeitung hieß, „Ihre königliche Hoheit die ehrfurchtsvollste begrüßende Huldigung der Landeshauptstadt Linz entgegenzubringen."

Die Fahrt die Donau abwärts war für Elisabeth ein Triumphzug. „Die Ufer der Donau", so war zu lesen, „widerhallten von den zahllosen Jubelklängen, welche diesen wahrhaften Triumphzug der erlauchten Prinzessin bis in das Weichbild unserer Landeshauptstadt begleiteten." Überall flatterten kaiserliche und bayerische Fahnen, standen Geistliche und Honoratioren sowie Jugendliche und Kinder an den Ufern, wo Girlanden aufgehängt, Triumphpforten aufgerichtet waren und Böllerschüsse abgegeben wurden.

Im Sturm alle Herzen erobert

Gegen sechs Uhr abends verkündeten zwei Böllerschüsse die baldige Ankunft der Flottille in Linz. Dann näherten sich die drei Schiffe „unter dem Donner der Kanonen, Glockengeläute, Musikklängen und lautem Jubel der dichtgedrängten Volksmenge". Am Landungsplatz der Dampfschiffe gegenüber dem festlich geschmückten Gasthaus „Zum roten Krebs" hatte man einen schönen luftigen Pavillon, ausgeschmückt mit vielen Fahnen, errichtet. Hier wartete der junge Kaiser in Begleitung seines Bruders Erzherzog Max, seines General-Adjutanten Graf Grünner, des Statthalters Eduard Buch und dem Gefolge auf die Ankunft der Braut. „Schon von fern erblickte man auf dem Dampfer ‚Regensburg'", so kann man lesen, „die liebliche Frauengestalt, welche unablässig mit dem Tuche in der Hand grüßte. Die Landungsbrücke war noch kaum hergestellt, da eilte der jugendliche Monarch der geliebten Braut entgegen, schloß sie in seine Arme und küßte sie herzlich. Ein tausendstimmiger Jubelruf ertönte, Hochrufe erschallten und alles sah auf die reizende Prinzessin, deren anmutiges Auftreten ihr im Sturm alle Herzen eroberte."

Nach der Begrüßung der Eltern und Geschwister der Braut überreichte ein Mädchen der Prinzessin einen Kranz und trug ein Gedicht vor, dessen letzte Strophe lautete:

„Den Brautkranz, den wir dir begeistert reichen
Nimm ihn von Oberöst'reichs Töchtern hin,
Nimm, holde Braut ihn huldvoll als ein Zeichen
Von dieses Landes treu ergeb'nem Sinn."

Unter Glockengeläut, mit Trompetenmusik und unter dem Jubel des Volkes ging es nach dem Absingen „der bayerischen Volkshymne unter einer eigens errichteten Ehrenpforte hindurch und nach einer Begrüßungsansprache des Linzer Bürgermeisters zum Landhaus", wo die Braut und ihr Gefolge vom Statthalter empfangen und vom vorausgefahrenen kaiserlichen Bräutigam in den „eigens hergerichteten und reizend geschmückten Gemächer[n]" willkommen geheißen wurden. Es gab eine Theatervorstellung, und die ganze Stadt war illuminiert. Spät abends wurde dann die „österreichische Volkshymne" angestimmt. Während der Kaiser am 22. April schon um 4 Uhr morgens nach Wien zurückfuhr, wohnte die Prinzessin noch „um 7 Uhr einer Messe bei" und reiste dann ebenfalls ab.

Die feierliche Vermählung erfolgte dann am 24. April in Wien. Angekündigt durch Kanonenschüsse fand um 10 Uhr „in der Domkirche ein feierliches Hochamt statt, nach demselben die Paradierung der Truppen auf der Promenade und nachmittags ein Fest- und Freischießen".

So schien es ein Traum, eine Traumhochzeit wie im Märchen zu sein. Aber die junge Kaiserin aus Bayern hatte es bald schwer, da sie letztlich von der einflussreichen und herrischen Mutter des Kaisers und der konservativen Adelsgesellschaft in Wien nicht voll akzeptiert wurde. Sie trug durch ihr Verhalten allerdings selbst stark zu dieser Isolierung bei. So blieb sie eine Außenseiterin, die viel reiste, u. a. auch nach Passau, Gesundheits- und psychische Probleme hatte, die durch den tragischen Selbstmord des Kronprinzen Rudolf noch verstärkt wurden. Die Kaiserin, auch in älteren Jahren, eine der schönsten Frauen der Zeit, die sich nach 1889 nur noch selten in Wien aufhielt, wurde schließlich am 10. September 1898 am Genfer See von dem italienischen Anarchisten und Attentäter Luigi Luccheni erdolcht. Alles in allem war Elisabeth eine unglückliche Frau, die absolut nicht in die Norm der damaligen Wiener Hofgesellschaft passte und deshalb dort „als Fremdkörper und als Provokation" wirkte. Ihre Biographin Brigitte Hamann bemerkte dazu: „Sie spielte keine der Rollen, die ihr Tradition und Umwelt zuerteilten: nicht die Rolle der liebend-ergebenen Ehefrau, nicht die Rolle der Familienmutter, nicht die Rolle der ersten Repräsentationsfigur eines Riesenreiches. Sie pochte auf ihr Recht als Individuum – und setzte dieses Recht durch. Dass diese ihre ‚Selbstverwirklichung' nicht zu ihrem Glück führte, macht die Tragik ihrer Lebensgeschichte aus."

Hochzeitszeremonie am 24. April 1844

Maximilian Brunner

Ein europäisches Projekt

Anmerkungen zur Bayerisch-Oberösterreichischen Landesausstellung im Oberhausmuseum Passau

Im Jahre 1219, zwei Jahre nach seiner Belehnung mit der Grafschaft im Ilzgau durch Kaiser Friedrich II., begann Bischof Ulrich II. mit dem Bau einer Burg auf dem Georgsberg, hoch über seiner Residenzstadt Passau. Er dokumentierte damit nicht nur seine reichsfürstliche Position, sondern sicherte sie auch gegen Feinde von innen und außen und schuf eine wesentliche Grundlage für den Erhalt der fürstbischöflichen Macht für sich und seine Nachfolger. Diese bauten im Laufe der Jahrhunderte die Burg kontinuierlich als landesherrliche Residenz in Krisenzeiten, ebenso wie als uneinnehmbare Festung aus. Bis weit in das 18. Jahrhundert wurden die Verteidigungsanlagen den jeweiligen militärischen Erfordernissen angepasst, so dass die Veste Oberhaus erst zu Beginn des 19. Jahrhunderts zum ersten und einzigen Mal seit ihrem Bestehen von einem Feind eingenommen werden konnte. Heute gehört sie zu den großen noch erhaltenen Festungsanlagen Europas und ist neben dem Stephansdom und der gesamten barocken, bzw. mittelalterlichen Altstadt eine der beliebtesten touristischen Attraktionen der an Geschichte, Kunst und Kultur so reichen Stadt Passau.

Neben der Jugendherberge, die eben erst aufwändig saniert, junge Menschen aus aller Welt auf der Veste beherbergt, ist es vor allem das „Oberhausmuseum“, das sich durch vielbeachtete kulturhistorische Ausstellungen im vergangenen Jahrzehnt beim Publikum und in der Fachwelt einen Namen gemacht und seitdem hunderttausende von Besuchern angezogen hat. 2004 nun ist das „Oberhausmuseum“ mit der Ausstellung „HerrschaftsZeiten. Glanz und Ende des Fürstbistums Passau“ Partner des Bayerisch-Oberösterreichischen Landesausstellungsprojektes „Grenzenlos. Geschichte der Menschen am Inn“, das erstmalig an vier Ausstellungsorten – diesseits und jenseits des Inns stattfindet.

Beinahe ein Jahrzehnt ist es her, seit im Jahre 1995 Politiker und Ausstellungsmacher in Bayern und Oberösterreich die ersten Gespräche über ein gemeinsames grenzüberschreitendes Ausstel-

Bruderschaftsbuch der Sebastiani-Bruderschaft (1502). Eingangsbild, die Dreifaltigkeit und die verschiedenen Stände darstellend lungsprojekt geführt haben. Die grundlegenden Ziele standen früh fest: die historische Entwicklung eines uralten „baierischen" Kulturraumes darzustellen, der durch die Region um den unteren Inn geographisch umrissen und seit dem Mittelalter durch seine Funktion als Grenzregion zwischen den bayerischen und österreichischen, konkret wittelsbachischen und habsburgischen Interessensphären, geprägt ist. Seit dem Frieden von Teschen 1779, der den Bayerischen Erbfolgekrieg beendete, gehört – von kurzen zeitlichen Unterbrechungen abgesehen – das Land rechts des Inns, unmittelbar bis an die Stadtgrenze von Passau, zu Österreich. Der Inn wurde also „von Bayerns Land, zu Bayerns Grenze". Uralte Verbindungen zwischen den Menschen auf beiden Seiten des Flusses wurden unterbrochen, gestört und verändert, in vieler Hinsicht unterschiedliche Entwicklungen eingeleitet und dadurch Tendenzen der Entfremdung gefördert. Gleichzeitig ist der Kontakt zwischen den Menschen nie abgebrochen, wurden verwandtschaftliche und persönliche Beziehungen weiter gepflegt, haben Bindungen und Kontakte – ungeachtet aller politischen und historischen Entwicklungen – bis in die Gegenwart fortbestanden, ja wurden gerade in den Jahrzehnten nach dem Zweiten Weltkrieg wieder intensiviert und neu belebt. Der Beitritt Österreichs zur Europäischen Union hat deshalb – besonders was diese Region betrifft –, in vieler Hinsicht bestehende Verhältnisse nur bestätigt und neue Impulse für die gemeinsame Gestaltung der Region am unteren Inn gegeben. Es war also gleichermaßen notwendig wie reizvoll, die gemeinsamen Wurzeln der Menschen zu beiden Seiten des Inns und ihre kulturelle Identität zu erforschen sowie einer breiten Öffentlichkeit vorzustellen und bewusst zu machen.

Fibel aus Pocking: Bajuwarische Scheibenfibel, Silber, vergoldet, Granat und Lapislazuli, 6. – 7. Jahrhundert, Pocking-Schlupfing, München, Archäologische Staatssammlung

Grundsätzliche Thematik der Grenzverschiebung

Anlässe gab und gibt es dazu genug. Am 1. Januar 1995, also im Jahr der ersten Vorgespräche zur Ausstellung, war Österreich der Europäischen Union beigetreten. Im Ausstellungsjahr 2004 traten zehn weitere Mitglieder der Staatengemeinschaft bei. Die grundsätzliche Problematik von Grenzverschiebungen und ihrer Auswirkungen auf die Lebensumstände der Menschen in den betroffenen Regionen wurde auch im Rahmen dieser jüngsten Beitrittsverhandlungen wieder deutlich vor Augen geführt. Außer Zweifel steht deshalb, dass es als Grundlage für eine positive Entwicklung der gemeinsamen Integrationsbemühungen notwendig ist, den damit zusammenhängenden historischen, politischen und gesellschaftlichen Entwicklungen nachzugehen und die Menschen umfassend darüber zu informieren.

Die Verantwortlichen aus Kultur und Politik in Oberösterreich und Bayern kamen überein, sich dieser Herausforderung für die gemeinsame Grenzregion am Inn zu stellen und die Problematik am Beispiel von vier Themenschwerpunkten an vier verschiedenen Ausstellungsorten in Bayern und Oberösterreich zu untersuchen. Als Partner für die Umsetzung dieses internationalen Kulturprojektes fanden sich die Landeskulturdirektion beim Amt der Oberösterreichischen Landesregierung, bisher schon verantwortlich für zahlreiche „Oberösterreichische Landesausstellungen“ sowie die Stadt und der Landkreis Passau. Während die Landeskulturdirektion für die Ausstellungen auf österreichischer Seite in Schärding und Stift Reichersberg verantwortlich zeichnet, liegt die Realisierung des Projektes in Passau beim Oberhausmuseum, für die Ausstellung in Kloster Asbach beim Landkreis Passau.

Ein europäisches Projekt sollte entstehen, das nicht nur die „Geschichte der Menschen am Inn“ umfassend durchleuchtete, sondern auch Bezüge zur Gegenwart herstellte und die gemeinsame Lösung aktueller Aufgaben diesseits und jenseits der Staatsgrenzen einschloss. Deshalb bilden weitere Schwerpunkte im Rahmen des Gesamtprojektes Kooperationen im Bereich der Wirtschaft und des Tourismus, die Verbesserung gemeinsamer Infrastrukturen und natürlich die Durchführung unterschiedlichster Projekte aus allen Bereichen von Kunst und Kultur.

Bromberg in Niederösterreich um 1510; eine der ältesten inkorporierten Pfarren des Stiftes Reichersberg

Vier Ausstellungsorte

Dass allein die Zusammenarbeit im Rahmen der Vorbereitung dieses gemeinsamen kulturellen und touristischen Großprojektes für alle Beteiligten höchst fruchtbar, lehrreich und insgesamt sehr positiv war, sei hier angemerkt. Es handelt sich im wahrsten Sinne des Wortes um ein grenzüberschreitendes, europäisches Projekt, was sich insbesondere auch in der Art und dem Umfang der öffentlichen Förderungen ausdrückt, ebenso wie im finanziellen Engagement privater Sponsoren.

Jede der vier Ausstellungen in Asbach, Passau, Reichersberg und Schärding ist als selbständiges Projekt konzipiert, wissenschaftlich erarbeitet und eingerichtet, wobei die thematischen Schwerpunkte zwischen den Verantwortlichen abgestimmt wurden. Bei aller Unterschiedlichkeit hinsichtlich Thematik, Inhalt und Präsentation der einzelnen Ausstellungen wird großer Wert auf die Geschlossenheit des Gesamtprojektes gelegt. Dies unterstreicht insbesondere der gemeinsame Katalog, der den derzeitigen Stand der Forschung, wie die Beschreibung der Inhalte und der Exponate aller vier Ausstellungsorte zusammenfasst. Zudem werden innerhalb der einzelnen Präsentationen Hinweise auf ergänzende Informationen in den drei anderen Ausstellungen gegeben. Marketing und Öffentlichkeitsarbeit wurden, soweit sinnvoll, gemeinsam durchgeführt, individuelle Maßnahmen der einzelnen Veranstaltungsorte in jedem Fall koordiniert. Absicht der Veranstalter ist es, alle Altersgruppen der Bevölkerung diesseits und jenseits des Inns zu erreichen, außerdem natürlich die große Zahl der historisch und kulturell Interessierten von nah und fern anzusprechen. Um ein möglichst umfassendes Bild vermitteln zu können, wird zudem angestrebt, dass möglichst viele Menschen den Zeitraum zwischen April und November 2004 nutzen, um alle vier Ausstellungen zu besuchen. Dementsprechend abgestimmt wurden deshalb Modus und Preise für den Ausstellungsbesuch.

Mit Bedacht wurden die Ausstellungsorte gewählt: die beiden Städte Passau und Schärding sowie die Klöster Asbach und Reichersberg. Alle vier bilden nicht nur aufgrund ihrer Geschichte, sondern auch durch ihren landschaftlichen und architektonischen Reiz ideale Kulissen für ein gemeinsames bayerisch-oberösterreichisches Ausstellungsprojekt.

Kloster Asbach, neben dem Oberhausmuseum Passau der zweite bayerische Ausstellungsort, wurde im 11. Jahrhundert als Benediktinerabtei gegründet und war über Jahrhunderte kultureller Mittelpunkt des Rottals im südlichen Landkreis Passau. Die 1787 unter Mitwirkung von Fransois Cuvillies d. J. erbaute Kirche ist ein beeindruckendes Beispiel barocker Klosterkultur und zeugt heute noch von seiner einstigen Strahl- und Wirkungskraft auf diese Region. Heute Zweigmuseum des Bayerischen Nationalmuseums, vermittelt die Ausstellung „Adelsherrschaft. Klosterleben" bei einem Rundgang durch die prachtvollen Räume des Klosters den Besuchern einen Eindruck von der Bedeutung der Klöster und erzählt von der Geschichte bedeutender Adelsgeschlechter.

Weiter im Süden thront das mehr als 900 Jahre alte Augustiner Chorherren-Stift Reichersberg auf oberösterreichischer Seite über dem Inn. Unter dem Titel „Bauern, drent und herent" beschäftigt sich die Ausstellung mit dem Wandel bäuerlicher Lebensweise und Arbeitstechniken über die Jahrhunderte hinweg. Die dortige Kulturlandschaft war geprägt von einander ähnlichen bäuerlichen Wirtschaftsformen, einer gemeinsamen Nutzung des Inns als Transportweg und einer die Menschen diesseits und jenseits des Flusses verbindenden Volkskultur.

Auf dem Weg flussabwärts liegt am oberösterreichischen Innufer die Barockstadt Schärding. „Stadt. Menschen. Leben" ist der Titel der dortigen Ausstellung. Kaum ein anderer Ort wäre besser geeignet, um das urbane Leben vom Mittelalter bis zur Neuzeit zu präsentieren. Architektonisch ist die mittelalterliche Wehrstadt von allen

Vergoldetes Gefäß zur Aufbewahrung des Herzens des Passauer Fürstbischofs Sebastian Graf von Pötting († 1689)
Leihgeber: Germanisches Nationalmuseum Nürnberg

Epochen geprägt. Das Prunkstück ist jedoch die berühmte Silberzeile im Stadtzentrum.

Schließlich Passau. Dort, wo sich Inn und Ilz mit der Donau vereinigen, liegt die alte Bischofsstadt. Die Ausstellung im Oberhausmuseum mit dem Titel „HerrschaftsZeiten – Glanz und Ende des Fürstbistums Passau“ erzählt von der wechselvollen Geschichte des Hochstifts und des Bistums Passau vom frühen 17. Jahrhundert bis zur Säkularisation im Jahr 1803.

Die Ausstellungsmacher des Oberhausmuseums erfüllen damit einen lange gehegten Wunsch vieler kulturhistorisch Interessierter und beleuchten zudem das Rahmenthema „Grenzenlos“ unter einem ganz besonderen Aspekt: Die Besucher tauchen ein in die Welt des 17. und 18. Jahrhunderts, das Zeitalter des Barock, die Epoche der Gegenreformation und des 30-jährigen Krieges, der Aufklärung und des Unterganges des „Ancien régime“ nach Französischer Revolution und napoleonischen Kriegen. Anhand hervorragender Exponate aus bedeutenden Sammlungen und Museen Europas, unterstützt durch aufschlussreiche Installationen und aktuellste technische Medien, erleben die Besucher auf über 1000 qm Ausstellungsfläche in der Veste Oberhaus, wie die historischen Ereignisse dieser zwei bewegten Jahrhunderte auf Hochstift, Bistum und Residenzstadt Passau eingewirkt haben, bzw. wie von hier ausgehende Impulse die europäische Geschichte mit verändert und gestaltet haben. Grundlagen, Strukturen, und Gesetzmäßigkeiten der Herrschaft über das Fürstbistum Passau werden offengelegt, dessen geistliche Landesherren es aufgrund der besonderen geopolitischen Lage schon immer verstanden haben, zwischen Habsburg und Wittelsbach, Österreich und Bayern, zu lavieren.

Was ist nun das Besondere an dieser Ausstellung? Zuerst die Thematik: Noch nie wurden Fürstbistum und Diözese Passau für den Zeitraum des 17. und 18. Jahrhunderts innerhalb eines Ausstellungsprojektes so umfassend dargestellt. Der Begriff „umfassend“ bezieht sich nicht nur auf die Dimension des Projektes, sondern auch die Einbindung der Thematik in größere Sach- und Handlungszusammenhänge. Im Vordergrund steht immer die Doppelfrage nach den Wirkungen der historischen Ereignisse auf Stadt, Hochstift und Diözese einerseits und die Auswirkungen des hiesigen Geschehens auf die „große Geschichte“.

Im Mittelpunkt des Interesses stehen immer die Menschen in ihren verschiedenen Funktionen und unterschiedlichen gesellschaftlichen Positionen, das Zusammenspiel zwischen ihnen, die Gesetzmäßigkeiten, Möglichkeiten und Beweggründe ihres Handelns, ihr Rollenverständnis und ihre Mentalität. Die Konzeption ist deshalb nicht durch eine stringente chronologische Abfolge von Ereignissen gekennzeichnet, sondern durch thematische Blöcke, die sich zeitlich überschneiden können, inhaltlich aber verzahnen und deshalb ermöglichen, einzelne Themen unter verschiedenen Aspekten zu durchleuchten. Die Ausstellung erweckt auf diese Weise immer wieder neues Interesse, bleibt kurzweilig und ermöglicht

Ein Symbol bayerischer Gastfreundschaft: Der Willkommenshumpen der Flaschner und Spängler. Regensburg, 1747; Zinn, H 37,5 cm

Kaiserampel (Mariahilf). Silber, teilvergoldet. Augsburg 1676
Kaiser Leopold I. stiftete diese prunkvolle Ampel als Votivgabe anlässlich seiner Vermählung mit der Wittelsbacher Pfalzgräfin Eleonore, die 1676 in Passau stattfand. Im Zuge der Säkularisation musste die Ampel zunächst abgeliefert werden, kam aber auf die Intervention des österreichischen Kaiserhauses wieder in die Wallfahrtskirche Mariahilf zurück. Leihgabe: Wallfahrtskirchenstiftung Maria Hilf

dem Besucher zudem, eine eigene Auswahl seiner persönlichen Interessensschwerpunkte zu setzen.

Großes Gewicht haben die Ausstellungsmacher auf die pädagogische Vermittlung der Inhalte gelegt, wobei im Grunde auf alle Arten derzeit zur Verfügung stehender Gestaltungsmittel zurückgegriffen wurde. Neben Ausstellungsführungen im herkömmlichen Sinne, wird jedem Besucher – ohne Mehrkosten – ein ‚Audioguide' angeboten, der ermöglicht, sich via Kopfhörer durch die Ausstellung führen zu lassen. Damit nicht genug, gibt es dafür unterschiedliche Fassungen für Erwachsene und Kinder, bzw. reduzierte Fassungen in Englisch und Tschechisch. Die Raum- und Sequenztexte sind übrigens ebenfalls dreisprachig, deutsch, englisch und tschechisch. Eingestimmt auf die Ausstellung wird der Besucher durch eine viertelstündige Multivision auf Großleinwand, die eigens für dieses Projekt produziert wurde. Wo es sich zur Verdeutlichung einzelner Themen anbot, kommen Comics, Trickfilme, Computeranimationen zum Einsatz, ein virtueller Gang über den Passauer Residenzplatz zum Beispiel führt die Besucher unter anderem in die Neue Residenz des 18. Jahrhunderts.

Aufwändige Einbauten, kostbare Exponate

Beeindruckend sind die aufwändigen Einbauten und Rauminstallationen, die das 17./18. Jahrhundert wiedererstehen lassen, Triumphbögen, originales Katzenkopfpflaster für die Stadt, echte Lehmböden im Teil „Bauernaufstände" u. v. m. lassen die Beschauer vor allem auch emotional zum Teil des Ausstellungsprojektes werden. Zentraler Bestandteil dieses Ausstellungsprojektes aber sind zweifellos die ca. 500 Exponate, ein Großteil davon Leihgaben aus öffentlichen und privaten Sammlungen Deutschlands, Österreichs, Belgiens und weiterer europäischer Länder, die in dieser Zusammenstellung nur hier ein einziges Mal zu sehen sein werden. Die Objekte umfassen alle Bereiche der politischen, der Alltags- und selbstverständlich der Kunst- und Kulturgeschichte; die wenigen Beispiele aus der Vielzahl hervorragender Exponate, die nachfolgend angeführt werden, können nur einen schwachen Eindruck von der Qualität des in der Ausstellung gezeigten vermitteln. So seien aus dem Bereich der bildenden Kunst erwähnt die Pasticcii von David Teniers d. J. als Vorlage für die Radierungen im „Theatrum Pictorium" sowie die Erstausgabe des „Theatrum Pictorium" selbst (1660), neben zahlreichen wertvollen Drucken und Büchern (u. a. ein „Novum Testamentum" gedruckt in Wittenberg 1574). Von den niederländischen Gemälden sei erwähnt der „Hl. Franziskus Xaverius in Anbetung vor der Madonna mit Kind" von Daniel Seghers und Abraham von Diepenbeek (1659), daneben eine Vielzahl bedeutender Kupferstiche u. a. aus der Zeit der Statthalterschaft Leopold Wilhelms in den spanischen Niederlanden. Historisch bedeutend ist das Gemälde „Oberst Ramee und seine Offiziere" (um 1610), beeindruckend eine Reihe von Kleinplastiken, wie die silberne Reiterstatuette „Erzherzog Leopold V. zu Pferd" (2. Viertel 17. Jh.), die „Venus Amphitrite" von Jérôme Duquesnoy (Messing, um 1645) oder das sog. „Herzbegräbnis“ des Fürstbischofs Sebastian Graf von Pötting (vergoldet, 1689). Ein Exponat ganz besonderer Art ist die Kaiserampel (Silber, teilvergoldet, Augsburg 1676) aus der Wallfahrtskirche Mariahilf in Passau, bzw. von ebenda die großartige Mariahilf- Monstranz (Silber, teilvergoldet, um 1628). Ein bedeutendes Stück aus dem Bereich der Bewaffnung ist der Halbharnisch, den Leopold V. sich neben seinen Reiterharnischen fertigen ließ, der auch auf eine Veränderung der Kriegstechnik durch die neuen Schusswaffen hindeutet. Die primitive Bewaffnung der Bauern steht in krassem Gegensatz zu den Musketen der Landknechte oder dem Prunk der osmanischen Beutewaffen (aus dem Besitz der Fürsten von Starhemberg) bzw. der mit dem bischöflichen Wappen und dem Passauer Wolf verzierten Prunkpartisanen der fürstbischöflichen Leibwache der Trabanten (17./18. Jh.). Prunkvolle Kostüme aus der Zeit, eine prächtige Sänfte aus Salzburg (18. Jh), Musikinstrumente und Spieluntensilien, wie ein mit Intarsien prächtig ausgestatteter Spieltisch, geben einen Einblick in das Leben bei Hof und in der Residenzstadt. Es ist müßig hier fortzufahren. Erwähnt seien abschließend noch Exponate mit hoher Symbolkraft, die sich Jahrhunderte in der Bevölkerung erhalten haben. So zum Beispiel die mumifizierte Hand der 21-jährigen Margareta Pürchfellner aus Walchshof bei Freistadt (1626), abgeschlagen durch ihren Bruder, nachdem er erfahren hatte, dass sie einen Katholiken heiraten und dem Protestantismus abschwören wollte, als ein Beleg für die Unmenschlichkeiten im Verlaufe der Rekatholisierungsbestrebungen durch Habsburger und Wittelsbacher und die tiefen Risse, die durch die Religionsspaltung auch durch die Familien gingen. Wie gesagt, diese knappe Aufzählung ist eher willkürlich, Objekte von vergleichbarer Bedeutung findet der Besucher in allen Abteilungen der Ausstellung.

Für das Oberhausmuseum und die Stadt Passau geht die Bedeutung der Ausstellung „HerrschaftsZeiten – Glanz und Ende des Fürstbistums Passau“ über diejenige eines Beitrages zur gemeinsamen bayerisch-oberösterreichischen Landesausstellung hinaus. Denn nach den erfolgreichen Sonderausstellungen des vergangenen Jahrzehnts zu kulturhistorischen Themen des Mittelalters und der frühen Neuzeit, bildet sie eine Zäsur, indem nun das darauf folgende Zeitalter von Barock, Absolutismus und Aufklärung bis zur Auflösung des Fürstbistums intensiv beleuchtet und erfahrbar gemacht wird, die Epoche also, die bis heute der Stadt Passau kulturell, architektonisch und künstlerisch am eindringlichsten ihren Stempel aufdrückt.

Manfred Zirngibl inmitten seiner Sammlung

Roman Pletter

Von Waffen, Zwillingsfiguren und kultischen Ritualen

Manfred Zirngibl und seine Liebe zu Afrika

Obwohl seine Lehrerin der Überzeugung war, der Junge könne nicht gut lesen, schreibt Manfred Zirngibl heute Bücher. Sie liegen auf einem Tisch mit Glasplatte, und unter der Glasplatte liegen unzählige Armreife und Schmuckstücke aus Afrika. Unter den Büchern, die er mitgebracht hat, ist eines, das nicht er geschrieben hat und das ein wenig abgegriffen aussieht. Es ist bunt, sein Einband ist mit Dschungelmotiven bemalt und es heißt „Der Pfeil des Götzen".

Weil also die Lehrerin zu den Eltern sagte, der Sohn könne nur schlecht lesen, bekam Manfred, damals acht Jahre alt, dieses Buch. Es erzählt die Geschichte eines Jungen in Afrika. Und es hat das Leben des Manfred Zirngibl verändert, ihn Bücher schreiben lassen, ihn um die ganze Welt geschickt, ihn Schulden machen und glücklich sein lassen. Einmal hat ihm das, was dieses Buch in ihm ausgelöst hat, wenn nicht das Leben gerettet, so doch einen Beitrag dazu geleistet, dass Zirngibl nicht aufgegeben hat und weiter lebte. Aber das ist eine spätere Episode in der Geschichte des Manfred Zirngibl aus Passau, der heute, 65 Jahre alt, eine der größten privaten Sammlung afrikanischer Waffen und Schilde besitzt, die es in Europa gibt.

Zirngibl ist also Abends ins Bett gegangen mit dem Buch und den Geschichten, die in Herz und Seele gedrungen sind. Wenn er davon erzählt, dann spielt er an einem silbernen Armreif herum, den er vor ein paar Jahren bei einer Händlerin für Afrikadevotionalien erstanden hat. Er streifte ihn über den Arm und das Stück ging nicht mehr herunter. „Es sollte wohl so sein", sagt Zirngibl. Dann lächelt er auf eine ihm sehr eigene Art und Weise, ohne irgendwo hin zu schauen. So lächelt er immer, wenn er damit fertig ist, von der Geschichte einer Errungenschaft aus Afrika zu erzählen – diese Geschichten enden meist damit, dass er das Stück bekommen hat. Er hat den Reif jedenfalls gekauft und seither nie wieder abgenommen. Bei einer Operation mussten ihn die Ärzte eigens mit Klebeband und sterilen Stoffen fest binden, damit die Kanülen in die Adern konnten.

Königsmesser von der Volksgruppe der Kuba, Kongo, Holz, geschmiedetes Eisen, vor 1500

Durch das Buch hat Zirngibl sich verliebt. Der schwarze Kontinent ließ ihn nicht mehr los. Er wollte alles wissen, alles haben, alles lesen, das irgendwie mit Afrika zu tun hatte.

1958 schenkte ihm ein Bekannter, der Oberst in Kamerun war, einen Pfeil aus Afrika. Irgendwann hatte ihn Zirngibl, damals 20 Jahre alt, so weit, dass er den Pfeil bekam. Er hängte ihn in sein Zimmer – mal mit der Spitze nach links, mal nach rechts, mal schräg und mal von unten nach oben und von oben nach unten deutend. Spätestens hier wurde Manfred Zirngibl zum Jäger.

Es folgten weitere Pfeile und Bögen, was die Variationsmöglichkeiten des Aufhängens erheblich ausweitete, aber sich doch noch in einem überschaubaren Rahmen bewegte. Bald übernahm er eine erste kleinere Sammlung. Eine Adelsfrau in der Nähe wünschte sich ein Vogelhaus und war nebenbei im Besitz einer kleinen Kollektion afrikanischer Waffen.

Zirngibl hat, wie das bei Sammlern so ist, getauscht: Er hat das Vogelhaus gebaut und die Sammlung bekommen. Später wurden die Verhandlungen freilich schwieriger: In harter Schacherei mit Ordensbrüdern aus deutschen Missionsklöstern bekam er Stücke aus Afrika. Dafür verabschiedete er sich von seiner Südsee-Sammlung: Heute ist sie in einem großen Museum in Nürnberg. „Mich interessierte nur noch Afrika“, sagt er. Es folgten erste Reisen nach Kenia, Tansania, Togo, Gambia und Senegal. Wenngleich diese Touren sammlermäßig weniger große Erfolge waren, so habe er sehr viel gelernt dort über Kultur und Menschen des Landes, sagt Zirngibl.

Der Widderkopf als Königssymbol auf einem Königsschwert der Bakuba (Zaire)

Sammler von Kultobjekten

Der Mann ist kein Waffensammler, sondern eigentlich einer von Kultobjekten. Das lässt sich am schönsten zeigen, wenn man ihn auf Figuren anspricht, die am Fenster des Sammelzimmers stehen. Dort reihen sich hölzerne Menschlein aneinander. Und wenn man Zirngibl nun bittet, ein wenig darüber zu erzählen, passiert, was immer passiert, wenn die Sprache auf ein konkretes der mittlerweile über 2000 Stücke kommt: Er erzählt eine Geschichte, die sich um die Herkunft und die kultischen Rituale dreht, die mit den Gegenständen verwoben sind wie Statuen in katholischen Kirchen mit den Geschichten, die sie zu Heiligen gemacht haben. Zirngibl ist zwar ein Sammler im besten Sinne, einer, der alles haben muss, bis die Sammlung komplett ist. Er ist aber auch einer, der sich für die Gegenstände noch interessiert, wenn er sie hat.

So kommt die Sprache auf die hölzernen Figuren im Fenster. Manche sind besetzt mit Kauri-Schneckenhäusern, die aussehen wie perlmuttfarbene Muscheln. Für sechs dieser Muscheln soll man bis vor Hundert Jahren im Kongo eine Frau bekommen haben. Bei den Figuren handelt es sich um so genannte „Ibedji-Zwillingsfiguren“ aus Nigeria. Jede von ihnen steht für ein totes Zwillingskind. Gewissermaßen ist jede ein solches. Denn die Mitglieder von Stämmen stellten eine Figur auf den Hausaltar, wenn ein Kind gestorben war. Der Geist des toten Kindes ging auf die Plastik, die kunstvoll geschnitzt ist und aussieht wie ein kleiner Erwachsener, über. Solange der Schmerz über den Verlust in der Familie war, fütterten und wuschen die Familienmitglieder die Figur, auf dass es dem Geist weiter gut gehe.

Zirngibls Sohn Rainer, der die Sammlung übernehmen wird, hat mehrere Hundert Kultfiguren aus Togo. Dort heißen sie „Venavi“.

Mit der Zeit wurde Manfred Zirngibl, gelernter Buchhalter und Prokurist in verschiedenen Passauer Unternehmen, in Sammlerkreisen bekannt und reiste durch ganz Europa zu Händlern. „Heute habe ich da den Ruf, immer nur das Beste haben und nichts bezahlen zu wollen“, sagt Zirngibl. Dabei grinst er unter seinem grauen Schnurrbart und das sieht aus, als sei er ziemlich stolz darauf. Außerdem sei es schwer, ihm noch etwas anzubieten, weil er eigentlich alles habe, das die Fachliteratur hergebe. Vier Stücke sucht er noch, aber das sei ein aussichtsloses Unterfangen. Denn die einzigen, die es gäbe, liegen in Museen in Brüssel und Paris, und die trennten sich bedauerlicherweise selten von ihrem Inventar, sagt Zirngibl und ist etwas unruhig dabei. Er ist eben Sammler. Ob es manchmal auch einfach ums Habenwollen gehe, will der Besuch wissen. „Natürlich“, sagt Zirngibl.

Nun ist es aber sehr wahrscheinlich, dass Manfred Zirngibl diese Haltung einmal das Leben ge-

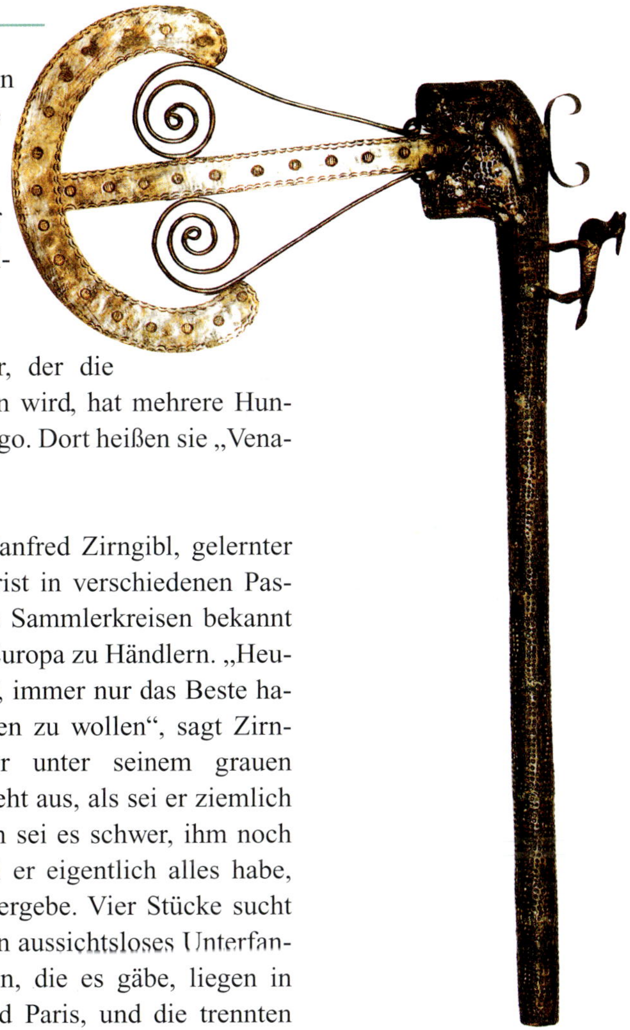

Rekade der Fon, Republik Benin, 20. Jahrhundert

rettet hat. Er war im Krankenhaus, ein Organ wurde transplantiert, und die Chancen, einen solchen Eingriff auf Dauer zu überstehen, sind gemeinhin gering. Die Chancen, ein paar Tage nach dem Eingriff aufzustehen und eine Treppe hinaufzusteigen, sind indes gleich Null. Zirngibl hat das gemacht. Natürlich. Als die Krankengymnastin, die meinte, er dürfe nur drei Stufen gehen, weg gewesen war, habe er sich aus dem Bett geschlichen. „Das wollte ich doch mal sehen. Drei Stufen!“, sagt er und macht eine verächtliche Handbewegung. Dann erzählt er davon, wie er schleppend und keuchend bis zum Dachboden hinauf gestiegen sei und am Ende der Geschichte schaut er, als hätte er gerade eines der vier noch fehlenden Stücke bekommen. Diese Geschichte illustriert vielleicht am besten, was den Mann zu seiner Sammlung gebracht hat: „Ich bin ein Sturkopf“, sagt Zirngibl. Und sicher sei es auch die Sammlung gewesen, die ihn am Leben gehalten habe. Damals habe er begonnen, an einem neuen Buch dazu zu schreiben. Als das Buch „Der Pfeil des Götzen“ einen achtjährigen Jungen dazu brachte, sich in Afrika zu verlieben, hat es einem Mann viele Jahre später einen Grund gegeben, weiter zu leben. Natürlich klingt das ziemlich nach Pathos. Aber wenn Zirngibl das sagt, klingt das nüchtern. Und irgendwie plausibel. Und Glück war sicher auch dabei, dass der Körper das neue Organ angenommen hat.

Nun war es ein sehr großes Glück, das Zirngibl das Leben gerettet hat. Aber auch im kleinen hatte Zirngibl, was das Sammeln anbelangt, ziemlich viel davon. Eine Händlerin in Paris hatte bei-

Afrikanische Waffen

spielsweise ein unscheinbares 27 Zentimeter langes Kultmesser mit Elfenbeingriff im Laden, das im Kongo bei den Zande oder Mangbetu Verwendung fand. Das Messer sah dem ersten Augenschein nach wenn nicht ramponiert, so doch reichlich ungepflegt aus, weshalb Zirngibl seinen Sohn noch im Hotel damit betraute, es vom Gröbsten zu reinigen. Darunter verbarg sich eine Goldklinge, die unter Umständen vor rund 100 Jahren schon mit wenig ansehnlichem Material überzogen wurde, um das Stück vor Langfingern zu bewahren. Wenngleich Zirngibl in Händlerkreisen viel Geld gelassen hat, ist diese Händlerin nicht besonders gut auf den Passauer zu sprechen und will ihn nicht mehr im Laden sehen, sagt Zirngibl.

Mancher Händler hat ihm auch schon ein Buch vorgelegt, in dem viele Waffen beschrieben sind, um die Echtheit des verhandelten Stücks zu dokumentieren. Bisweilen hielten die Leute Zirngibl dann eines seiner drei eigenen Bücher unter die Nase, weil sie ihn auf dem Foto im Umschlag nicht gleich erkannten. Derzeit schreibt er an zwei weiteren Büchern, die wie alle bisher in relativ großer Auflage in der Fachwelt Verbreitung finden sollen. Bisher erschienen seine Bildbände „Afrikanische Waffen“, „Afrikanische Kurzwaffen“ und „Afrikanische Schilde“ in Deutsch, Englisch und Französisch, nun will der Verlag sich aber von der deutschen Ausgabe trennen und Zirngibl muss seine Texte übersetzen lassen.

Es gibt viele Sammler, die alles haben und alles wissen und die das in dicken Büchern in die Welt pusten, was methodisch arbeitenden Wissenschaftlern den Schweiß auf die Stirn treibt. Bei Zirngibl ist das anders. Wer das nachprüfen will, rufe am besten in Wien an bei Armand Duchateau, einem Professor für Ethnologie und Kunstgeschichte, der lange Zeit die Afrika-Abteilung des Museums für Völkerkunde in der Donau-Stadt geleitet hat, und allein deshalb einen Ruf zu verteidigen hat. Wäre der Zirngibl kein veritabler Fachmann, sagt Duchateau am Telefon, so hätte er ihm wohl kein Vorwort ins zweite Buch geschrieben. Erst gestern habe ihn ein Anruf aus Passau erreicht. Sinngemäß sei es um eine Frage gegangen zu zwei Afrikaforschern, die mit dem gleichen Vornamen bedacht waren und sich auch sonst in der gleichen Region herumtrieben. Zirngibl ließ nun keine Ruhe, dass es sich dabei vielleicht um ein und dieselbe Person handeln könne, weshalb er den Duz-Freund in Wien anrief. „Das zeigt, wie gewissenhaft der Mann arbeitet“, sagt Duchateau. „Ich habe über die Jahre

Baule-Tanzmaske, Elfenbeinküste, ca. 1920

Gegossener Bronzegriff eines Königsschwertes aus dem Kameruner Grasland

viel von ihm gelernt." Der Passauer lege wissenschaftlich einwandfreie Arbeiten hin und sei der erste, der sich dieser ethnologisch relevanten Themen überhaupt angenommen habe. „Viele Waffen sind erst wertvoll geworden durch diese Bücher", sagt der Ethnologe. Bisweilen marschierten Leute mit dem Buch unterm Arm zu Händlern und Sammlern, um den Wert des angebotenen Objektes mit einer Zirngibl-Würdigung zu untermauern.

In diesen Büchern beschreibt Zirngibl vor allem Stücke aus seiner Sammlung, die gewissermaßen repräsentativ für das ist, was der afrikanische Waffenmarkt bis vor 120 Jahren so hergab. Vor kurzem ist ein neues Stück dazu gekommen. Zirngibl deutet auf ein Messer, das auf einer Art Sockel auf einem Regal steht. Vor wenigen Tagen ist es bei ihm angekommen. 20 Jahre lang hat er danach gefahndet. Ein Sammlerkollege hatte es, wollte sich aber nicht trennen. In zähen Verhandlungen und nach langem Warten hat Zirngibl es bekommen im Tausch gegen ein „Ikul"-Messer, das sich sehr lange zwischen andere Stücke an die Wand quetschte. Auch dazu gibt es eine schöne Geschichte von Zirngibl, die aus dem 17. Jahrhundert erzählt. Ein gewisser König Shamba Bolongongo wollte ehedem keine Kriege mehr. Deshalb hat er die gefürchteten, vielklingingen Wurfmesser abgeschafft und die „Ikul"-Messer eingeführt, die eine etwas ovale Form haben und ein wenig aussehen wie ein großer flacher Wassertropfen. Für ein solches Messer hat er das lang gesuchte Stück bekommen. Er nimmt es in die Hand. Und grinst.

Ibedji-Zwillingsfiguren von der Volksgruppe der Yoruba, Nigeria, frühes 20. Jahrhundert, Holz

Passauer ABC 2004

Menschen - Nachrichten - Kuriositäten

A

Erstmals findet der **Politische Aschermittwoch** der CSU in der Dreiländerhalle statt. 8 000 Besucher kommen zur traditionellen Parteiveranstaltung.

B

Eine Seltenheit in der **Botanik** wird im Mai in der Carlonegasse entdeckt: der letzte Wildbestand des Löwenmauls in Niederbayern. Die Regierung von Niederbayern lässt die Samen sammeln, und die Pflanze soll als „Passauer Wolfsmäulchen" Verbreitung finden.

Ein Selbstbildnis von Albrecht Dürer wird im **Breinbauer-Haus** in der Innbrückgasse vermutet. Der Vorsitzende des Forum Passau, Maler und Grafiker Fritz Brunner, erinnert sich, den Holzschnitt als 14-Jähriger gesehen zu haben.

Am 18. Juli wird erstmals in Passau ein **Bürgerbegehren** und ein konkurrierendes Ratsbegehren durchgeführt. Anlass sind die Planungen für die Neue Mitte. Mit 51,45 Prozent stimmen die Passauer dem Ratsbegehren zu.

C

Erstmals gibt es **Comics** über Stationen der Passauer Geschichte: In Zusammenhang mit der Ausstellung „Grenzenlos – Geschichte der Menschen am Inn" entwerfen Studenten der FH Wiesbaden geschichtliche Themen in Comicform.

Christiane Kickum, 35-jährige Kauffrau, wird am 1. April Chefin vom **City-Marketing** Passau und bündelt die Aktivitäten des 160 Betriebe umfassenden Vereins.

D

Am 10. Januar wird die **Dreiländerhalle** (Streif-Arena) in Kohlbruck mit einer Gala, moderiert von TV-Star Caroline Reiber, vor 2500 Gästen eröffnet, und 2004 finden an Passaus neuem Standort rund 200 Veranstaltungen statt.

Die Reformpläne der **Diözese** sehen vor, dass 306 Einzelpfarreien im Bistum zu 109 Pfarrverbänden zusammengeschmolzen werden. Die 14 Stadtpfarreien und zwei Exposituren in Passau werden organisatorisch zu sechs Pfarrverbänden zusammengefasst.

Der **Domführer** von Diözesanarchivar Dr. Herbert Wurster erscheint erstmals in sieben Sprachen: Deutsch, Englisch, Französisch, Italienisch, Polnisch, Tschechisch und Ungarisch.

Dem **Evangelisch-Lutherischen Dekanat** steht seit März eine Frau vor: Dr. Edda Weise wird Dekanin von Passau. Die 39-jährige Mutter zweier Kinder aus der Heininger Haydn-Familie ist eine von sieben Frauen in dieser herausgehobenen Position in Bayern.

E

Die Festspiele **Europäische Wochen** finden in diesem Jahr unter dem Motto „Für Gott und die Welt" zum 52. Mal statt und bieten 66 Veranstaltungen in der Dreiländerregion. 25 000 Gäste besuchen die Kulturwochen.

F

Dr. Pankraz Freiherr von Freyberg, Intendant der Festspiele Europäische Wochen, wird im Juni 60 Jahre alt. Der Kulturmanager leitet seit 1995 das Passauer Festival. Im Sommer erhält er den Bayerischen Verdienstorden.

Die Verbraucherausstellung **Passauer Frühling – Dreiländermesse** findet erstmals im neuen Messepark Kohlbruck statt und wird von der Kinold Messegesellschaft (Lindau) organisiert. Über 70 000 Besucher kommen auf die rund 25 000 quadratmetergroße Messefläche von 350 Ausstellern.

Ein Deutsch-Iranischer **Freundeskreis** wird im Juni gegründet. Ziel ist die Völkerverständigung. Vorsitzende ist Simin Rastegar (58).

G

Stadtarchäologe Dr. Jörg Peter Niemeyer entdeckt einen **Geheimgang** auf dem Mariahilfberg. Er ist zwei Meter hoch, 1,50 Meter breit und 45 Meter lang. Er stammt vermutlich aus der Zeit des 30-jährigen Krieges und diente als Fluchtweg.

Leitender Polizeidirektor **Leonhard Gruber** geht zum 30. August in den Ruhestand. Seit 1995 war er Passauer Polizeichef.

H

Die **Haitzinger Gmoa,** Haidenhofs erste Bürgerinitiative, feiert im Juni ihren 100. Geburtstag. Die Tischgesellschaft hatte sich 1904 als Protest gegen die Eingliederung an Passau gegründet.

Das **Haus der Familie** wird im Sommer nach 45 Jahren geschlossen. Passaus älteste Bildungseinrichtung fällt den Sparmaßnahmen der Diözese zum Opfer.

I

Die **Ilzstadt** verliert ein Original: Mit 91 Jahren stirbt am 18. Juni Seniorchef der Salvator-Apotheke, Franz Storch. 1952 begründete er die Apotheke, die er bis zu seinem 73. Lebensjahr leitete.

J

Die japanische Regierung verleiht im Juni dem langjährigen Vorsitzenden der **Deutsch-Japanischen Gesellschaft**, Prof. Dr. Sascha W. Felix, den „Orden der aufgehenden Sonne". Der Linguist erhält die höchste Auszeichnung Japans an Ausländer für sein jahrelanges Japan-Engagement.

K

„Superstar" **Daniel Küblböck** (18) erringt in der TV-Schau „Deutschland sucht den Superstar" den 3. Platz und verursacht ohne Führerschein einen Zusammenstoß mit einem Gurkenlaster. Im Klinikum besucht ihn TV-Star Thomas Gottschalk. Vom Jugendgericht Eggenfelden wird er zu 25 000 Euro Geldstrafe und acht Stunden Sozialarbeit in einem Kloster verurteilt. Im August erscheint sein erster Kino-Film „Daniel, der Zauberer".

L

Musikalisches Leben: Der 63-jährige Musiker und Dirigent Toni Glas feiert sein 20. Jubiläum als Leiter des Kirchenchores St. Peter. Seit 1966 dirigiert er auch den Passauer Singkreis, eine feste Größe im regionalen Musikleben.

Die **Lampl-Brüderschaft** feiert im Sommer ihren 725. Geburtstag. Vor 400 Jahren gründete die Bruderschaft der Schiffsleute und Salzfertiger das „Fröhliche Mahl"; an Magnus Lampl erinnert eine Gedenktafel am Lampl-Haus in der Ludwigstraße.

M
Einen Rekord verzeichnet das **Museum Moderner Kunst Passau – Stiftung Wörlen** mit der Jubiläumssausstellung zum 110. Geburtstag des spanischen Malers Salvador Dalí: 5000 Besucher sehen die Ausstellung „Surreale Welten“ im Frühjahr.
Erstmals ist eine Retrospektive des bedeutenden italienischen Bildhauers **Giacomo Manzù** in Deutschland zu sehen: Das Domschatz- und Diözesanmuseum Passau zeigt rund 60 Bronzeplastiken, Zeichnungen, Drucke und Medaillen aus der Sammlung Manzu der Accademia Carrara sowie einer bergamasker Privatsammlung.

N
Deutschlands umstrittenste Veranstaltungshalle wird abgerissen: Am 9. Februar beginnt der Abbruch der **Nibelungenhalle**, am 10. April werden die Abrissarbeiten für beendet erklärt. Die Kosten belaufen sich auf 650 000 Euro.
Als erste Frau an der Theologischen Fakultät habilitiert sich die Theologin **Monika Nickel** (46). Seit dem Wintersemester hält sie Vorträge am Lehrstuhl für Kirchengeschichte des Mittelalters und der Neuzeit.
Die Stadt erhält ab 1. September erstmals eine **Notfall-Seelsorge**: 29 Seelsorger sind an 365 Tagen rund um die Uhr für Polizei und Rettungsdienste erreichbar.
Die **Nordtangente** wird ablehnt: Der Stadtrat spricht sich mehrheitlich gegen die jahrzehntelang diskutierte Nordumfahrzung der Stadt aus.

O
Eine besondere **ökumenische Geste** findet im Mai in der Wallfahrtskirche Mariahilf statt: Als erstes evangelisches Paar werden Katarina und Boris Burkert in der Wallfahrtskirche Mariahilf mit Sondergenehmigung des Generalvikars und der Dekanin getraut.

P
Ihre 30-jährige **Partnerschaft** feiern Passau und Krems im Februar mit dem Besuch einer Delegation in Krems und im September mit einem großen Fest in Passau.
Der Passauer ASG-Schüler **Maximilian Popp** (18) erreicht beim Jungjournalisten-Wettbewerb „Duden Open“, einem deutschlandweiten Wettbewerb mit 1000 Teilnehmern, in Essen den vierten Platz.
Die **älteste Passauerin** stirbt: Mit 106 Jahren schließt die Heiningerin Maria Schönbauer, am 27. Mai die Augen

Q
Die **Qualität** des Wassers ist Spitze: Die österreichischen Nachbargemeinden Schardenberg, Wernstein und Freinberg beschließen, Trinkwasser aus Passau zu beziehen. Die Stadtwerke Passau füllen das Wasser ab und reichen es als „Passauer Trinkwasser“.

R
Der **Rudererverein** erkämpft sich bei der legendären Regatta „Vogalonga“ in Venedig einen sensationellen Platz: Anton Stiebler, Matthias Ziegler, Rainer Spann, Armin Gabriel und Karin Müller kommen in ihrer Klasse als drittes von insgesamt 1500 Booten ins Ziel am Markusplatz.
Das größte lebende Bild der Welt entwirft der Passauer Künstler **Wolf-Dietrich Rose** (47). Er bemalt eine Leinwand aus 30 Models in 28 Minuen in den Farben Lila, Orange und Grün und will damit ins Guinnessbuch der Rekorde kommen.

S
In Passau werden die **Schulsprengel** ab 1. August geändert: Nach dem Beschluss der Regierung in Niederbayern wird die Volksschule Auerbach, die Hauptschule Grubweg, ebenso die Teilhauptschulen St. Anton, Heining und Hacklberg (6. Klasse läuft nach Schuljahr 2005/06 aus) geschlossen.
Das **Straßenbauamt** bekommt einen neuen Chef: Leitender Baudirektor Gernot Göger wird nach 40 Jahren in den Ruhestand verabschiedet. Robert Wufka tritt in seine Fußstapfen.

T
Der **Dreiflüsse-Trachtengau** Passau verliert seinen Chef: Mit nur 62 Jahren stirbt Hans Woller am 5. Januar an Herzinfarkt. Von 1974 – 2000 war er Vorstand des Trachtengaus, dem rund 10 0000 Trachtler in 47 Vereinen angehören. Von 1982 – 2000 war er auch Organisator des Maidult-Festzuges.
Stefan Tilch, Intendant des Südostbayerischen Städtetheaters, wird in seinem Amt bestätigt. Der 36-jährige gebürtige Passauer wird im Sommer auf weitere drei Jahre an die Spitze des Zweispartenhauses gewählt.
Bei der **Tafel der Demokratie** mit dem neuen Bundespräsidenten Horst Köhler ist auch ein Passauer dabei: Unter 1400 Gästen am Brandenburger Tor sitzt auch der 18-jährige ASG-Schüler Lukas Musilek.

U
In der Dreiflüssestadt gibt es mehrere **Uraufführungen:** So wird am Fürstbischöflichen Opernhaus das Spektakel mit Musik „Schikaneder“ (Text: Robert Hültner/Musik: Elmar Raida) mit dem TV-Star Udo Wachtveitl uraufgeführt. Bei den Europäischen Wochen kommen zur Uraufführung „Halleluja – Bairisches und Unbairisches zu Himmel und Höllen“ von Elmar Raida sowie „Nachtherbergen“ vom Tanztheater Homunculus in Wien.

V
In der **Votivkirche** ereignet sich ein Kunstdiebstahl: Ein spätgotisches Holzrelief aus dem 14. Jahrhundert wird Anfang März ‚entfernt‘. Das mittelalterliche Kunstwerk in der Größe 43 mal 52 Zentimeter stellt einen Marientod dar.

W
Die **Wirtschaftsfakultät** der Universität Passau feiert ihr 25-jähriges Bestehen. Festredner Vaclav Klaus, Präsident der Tschechischen Republik, spricht über „Die Zukunft des Euro – Ansichten eines Außenseiters“.
Der Maler **Franz Weismann** wird im Frühjahr in einer großen Ausstellung des Kunstvereins erstmals einer breiten Öffentlichkeit als Fotograf präsentiert. Die Ausstellung, die u. a. die Dreiflüssestadt um die Jahrhundertwende zeigt, erlebt einen Besucherrekord von rund 2500 Gästen.

X
Die **X-Pointhalle** wird im Juni zu einem Riesenschlafsaal für buddhistische Mönche: Karmapa Thaye Dorje, geistiges Oberhaupt der deutschen Buddhisten, lehrt 1700 Mönchen in der Kohlbrucker Veranstaltungshalle; die meisten übernachten auch dort.

Z
Oberbürgermeister **Albert Zankl** wird im April Zielscheibe eines Briefbombenattentats wie zuvor der Passauer Landrat Hanns Dorfner. Verletzt wird niemand. Der Täter wurde bis dato nicht gefasst.

Zusammenstellung: Edith Rabenstein

Bildnachweis

Titelbild: Ludwig Schaller

Architekten Schmidt-Schicketanz und Partner, München
122, 126, 128,

Archiv Heinrich Bauer
78, 80, 82, 83, 84, 85

Archiv Dr. Franz Baumer
90, 93

Archiv Höltl
104, 106, 108, 109, 111

Archiv Plöchinger
114, 116, 117, 118, 120

Archiv Otto Sammer
63, 65, 68, 69

Archiv Lieselotte Schmidseder
96, 97, 98, 99, 100, 101, 102, 103

Archiv Universität Passau, Philosophische Fakultät, Lehrstuhl für Kunsterziehung
138, 142, 143, 144, 145

Archiv Manfred Zirngibl
169

Bischöfliches Ordinariat Passau
44, 46, 47, 48, 49

Dionys Asenkerschbaumer
51, 56

Diözesanarchiv Passau
50, 52, 53, 54, 86

Tanja Feicht
119

Fotoatelier Kaps
128

Fremdenverkehrsamt Uppsala
70

Hotel Sacher, Wien
153

Rudolf Klaffenböck
20 (Archiv), 22, 23, 24, 25, 26, 27, 28, 29

Kreisarchäologie Passau
160

Langen-Müller Verlag
Aus dem Buch: Jaschka und Janne
88

Morsak Verlag
Siegfried v. Vegesack, Seine schönsten Gedichte
92

Museen der Stadt Regensburg
163

Historisches Museum der Stadt Wien
157

Oberhausmuseum Passau
58, 162, 164

Passauer Glasmuseum
152, 155, 156

Pressestelle der Universität
124

Privatarchiv Prof. Oswald Miedl
140, 141, 143

Nicole Schaller
76

Toni Scholz
60, 61, 62, 64, 66, 67, 166, 167, 168, 170, 171, 172, 173

Staatliches Hochbauamt Passau
125

Stadtarchiv Passau
10, 12, 14, 15, 16, 17, 18, 19, 30, 31, 32, 33, 34, 35, 36, 37, 38, 39, 40, 41, 42, 150, 151, 154, 155

Stift Reichersberg
161

Volkskundehaus Ried/Innkreis
158